Die Roten Hefte/Ausbildung kompakt 217

Wasserversorgung

von
Dipl.-Ing. (FH) **Thomas Zawadke**
KBM Landkreis Neu-Ulm
Mitglied in den Arbeitsausschüssen
NA 031-04-06 AA Allgemeine Anforderung
an Feuerwehrfahrzeuge
NA 031-04-07 AA »Sonstige Fahrzeuge«
und NA 031-04-09 AA »Sonstige Ausrüstung«
des Normenausschusses Feuerwehrwesen
Mitarbeit im Referat 6 der vfdb
»Fahrzeuge und technische Hilfeleistung«

2., erweiterte und aktualisierte Auflage

Verlag W. Kohlhammer

Dieses Werk einschließlich aller seiner Teile ist urheberrechtlich geschützt. Jede Verwendung außerhalb der engen Grenzen des Urheberrechts ist ohne Zustimmung des Verlags unzulässig und strafbar. Das gilt insbesondere für Vervielfältigungen, Übersetzungen, Mikroverfilmungen und für die Einspeicherung und Verarbeitung in elektronischen Systemen.

Die Wiedergabe von Warenbezeichnungen, Handelsnamen und sonstigen Kennzeichen in diesem Buch berechtigt nicht zu der Annahme, dass diese von jedermann frei benutzt werden dürfen. Vielmehr kann es sich auch dann um eingetragene Warenzeichen oder sonstige geschützte Kennzeichen handeln, wenn sie nicht eigens als solche gekennzeichnet sind.

Der Verfasser hat größte Mühe darauf verwendet, dass die Angaben und Anweisungen dem jeweiligen Wissensstand bei Fertigstellung des Werkes entsprechen. Weil sich jedoch die technische Entwicklung sowie Normen und Vorschriften ständig im Fluss befinden, sind Fehler nicht vollständig auszuschließen. Daher übernehmen der Autor und der Verlag für die im Buch enthaltenen Angaben und Anweisungen keine Gewähr. Die Abbildungen stammen – soweit nicht anders angegeben – vom Autor.

2. Auflage 2021
Alle Rechte vorbehalten
© 2009/2021 W. Kohlhammer GmbH, Stuttgart
Gesamtherstellung: W. Kohlhammer GmbH, Stuttgart

Print: ISBN 978-3-17-037342-6
E-Book-Formate:
pdf: ISBN 978-3-17-037344-0
epub: ISBN 978-3-17-037345-7
mobi: ISBN 978-3-17-037346-4

Für den Inhalt abgedruckter oder verlinkter Websites ist ausschließlich der jeweilige Betreiber verantwortlich. Die W. Kohlhammer GmbH hat keinen Einfluss auf die verknüpften Seiten und übernimmt hierfür keinerlei Haftung.

Inhaltsverzeichnis

Vorwort 7

1 Allgemeines zur Wasserversorgung 9
1.1 Zentrale Wasserversorgung 9
1.1.1 Trink- und Löschwasserversorgung über Leitungssysteme 13
1.1.2 Wassergewinnung und -aufbereitung 18
1.1.3 Öffentliche Trinkwasserversorgung 22
1.1.4 Industrielle Brauchwasserversorgung 23
1.1.5 Grundlagen des Hydrantensystems 26
1.1.6 Anforderungen und Änderungen an Hydranten in öffentlichen Verkehrsflächen 37
1.2 Unabhängige Löschwasserversorgung 41
1.2.1 Löschwasserversorgung über offene Gewässer 42
1.2.2 Löschwasserteiche 47
1.2.3 Löschwasserbrunnen 49
1.2.4 Unterirdische Löschwasserbehälter 51
1.2.5 Oberirdische Löschwasserbehälter 52

2 Wassertransport im Pendelverkehr 55
2.1 Allgemeines zum Pendelverkehr 55
2.2 Taktik und Logistik beim Pendelverkehr 55
2.3 Wassertransport mit Tankfahrzeugen 57
2.3.1 Löschfahrzeuge der Feuerwehr 57
2.3.2 Nicht genormte und zivile Tankfahrzeuge 59
2.3.3 Pritschenfahrzeuge mit aufgesetzten Behältern 63

Inhaltsverzeichnis

2.3.4 Wasserwerfer der Polizei	64
2.4 Wassertransport mit alternativen Techniken	65
2.4.1 DB-Kesselwagen	65
2.4.2 Hubschrauber-Außenlastbehälter	65
2.5 Pendelverkehr mit direkter Wasserübergabe	68
2.6 Pendelverkehr über Auffangbecken	68
2.6.1 Allgemeine Grundsätze	68
2.6.2 Einfacher Pendelverkehr	70
2.6.3 Doppelter Pendelverkehr	71
2.6.4 Beispiel zur Auslegung eines Pendelverkehrs	74
2.7 Pendelverkehr als Alternative zu Hydranten	80
2.8 Grenzen des Pendelverkehrs	83
3 Wassertransport über Schlauchleitungen	**89**
3.1 Grundbegriffe	89
3.1.1 Offene Schaltreihe	90
3.1.2 Geschlossene Schaltreihe	91
3.1.3 Reihenschaltung von Feuerlöschkreiselpumpen	94
3.1.4 Parallelschaltung von Feuerlöschkreiselpumpen	99
3.2 Pumpentechnik	101
3.2.1 Feuerlöschkreiselpumpen	101
3.2.2 Tragkraftspritzen	105
3.2.3 Tauchpumpen	107
3.2.4 Turbinentauchpumpen, Wasserstrahlpumpen, Tiefsauger	107
3.2.5 Schwimmpumpen	110
3.2.6 Lenzpumpen (Schmutzwasserpumpen)	111
3.2.7 Pumpentechnik des THW	113
3.2.8 Hytrans Fire System	115
3.2.9 Sonstige Pumpentechnik	119

Inhaltsverzeichnis

3.3	Schlauch- und Leitungstechnik	122
3.3.1	Einteilung der Feuerwehrschläuche	122
3.3.2	Genormte Schläuche	122
3.3.3	Nicht genormte Schläuche	126
3.3.4	Nicht genormte Kupplungstypen	127
3.4	Wasserführende Armaturen	129
3.5	Zubehör und Hilfsmittel	139
3.6	Lagerung und Transport von Druckschläuchen	142
3.6.1	Vor- und Nachteile der Lagerungs- und Transportarten	142
3.6.2	Lagerung als Rollschlauch	143
3.6.3	Lagerung in gebuchteter Form	146
3.6.4	Schlauchtragekörbe	151
3.6.5	Lagerung auf Haspeln	155
3.6.6	Verlegen von Schläuchen mit Haspeln	157
3.7	Verlegen von Schlauchleitungen	160
3.7.1	Verlegen von gebuchteten Schläuchen aus dem Fahrzeug	160
3.8	Praktisches Arbeiten mit Schlauchleitungen	166
3.8.1	Schläuche über Hindernisse verlegen	167
3.8.2	Schläuche über Straßen verlegen	167
3.8.3	Schläuche über Schienen verlegen	168
3.8.4	Schlauchüberführungen	169
3.8.5	Schläuche gegen Abrutschen sichern	169
3.8.6	Kennzeichnung von Schlauchleitungen	170
4	**Auslegung der Wasserförderung**	**172**
4.1	Abschätzen der benötigten Wasserförderleistung	172
4.2	Einsatzplanung zur Wasserversorgung	175
4.3	Festlegung der Pumpenabstände	177
4.3.1	Schätzwertverfahren	177

Inhaltsverzeichnis

4.3.2 Ablesetafeln 179
4.3.3 Berechnungsschema 181
4.3.4 Digitales Schlauchstreckenmessgerät 182

Literaturhinweise **183**
Wichtige Normen EN, DIN und Richtlinien 186

Für den Titel wurde auf einer separaten Webseite Zusatzmaterial zusammengestellt:
  https://dl.kohlhammer.de/978-3-17-037342-6
  Folgende Dateien stehen als Download zur Verfügung:
  - Daten von Druckschläuchen
  - Daten genormter Lösch- und Tanklöschfahrzeuge
  - Ablesetafel
  - Berechnungsschema
  - Richtwerte für den Löschmittelbedarf

Vorwort

Es sind nun über zehn Jahre vergangen, seitdem das Rote Heft zur Wasserversorgung erstmals veröffentlicht wurde. In der Zwischenzeit haben sich einige gesetzliche Grundlagen verändert, z.B. in Bezug auf den Trinkwasserschutz, und auch technische Neuerungen in der Wasserversorgung und der Löschtechnik wurden eingeführt.

Wasser bleibt aber nach wie vor das vielseitigste und preiswerteste Löschmittel. Der Löschwasserversorgung und -bevorratung muss, insbesondere unter dem Gesichtspunkt des Trinkwasserschutzes, auch aus Sicht der Feuerwehr und der seit 2001 eingeführten gesetzlichen Änderungen noch mehr Aufmerksamkeit geschenkt werden als bisher schon, damit dieses Löschmittel im Einsatzfall in ausreichender Menge und zeitnah zur Verfügung steht.

Sich rasch ändernde Bedingungen in der Infrastruktur von Gemeinden oder Industriegebieten stellen die Feuerwehren bei der Brandbekämpfung immer wieder vor große Herausforderungen. Der Sparzwang vieler Kommunen, die öffentlichen Leitungsnetze nur noch für die Trink- und Brauchwasserversorgung auszulegen, führt zwangsweise dazu, dass neue Lösungen für die Löschwasserbevorratung und den Transport von einer Wasserentnahmestelle (man spricht nicht mehr von Hydranten) zur Brandstelle gesucht werden müssen. Auch das Thema der Vegetationsbrandbekämpfung rückt immer mehr in den Fokus der Betrachtungen bei der Vorhaltung von Löschwasser abseits von bebauten Gebieten. Daher sollten

Vorwort

sich die Verantwortlichen der Feuerwehren in ihrem Einsatzgebiet rechtzeitig mit den Gegebenheiten und der vorhandenen Infrastruktur vertraut machen und sich auch nicht scheuen, auf unzulängliche oder mangelhafte Lösungen oder Lücken in der Löschwasserversorgung aufmerksam zu machen.

Um ein Grundverständnis für das Thema zu schaffen, werden in diesem Roten Heft/Ausbildung kompakt die Zusammenhänge der öffentlichen Wasserversorgung und die Beziehungen zum Feuerlöschwesen sowie die gängigen Techniken und Einrichtungen zur Löschwasserförderung, aber auch zur Trinkwasserversorgung in Notzeiten, beschrieben, ergänzt um die Hinweise zum Trinkwasserschutz, der in den letzten Jahren in Fachgremien heftig diskutiert wurde und zu teils schon großen Veränderungen im taktischen und technischen Verständnis der Feuerwehren geführt hat bzw. führen wird.

Aus Platzgründen wird sowohl auf die Wassergewinnung und -aufbereitung als auch auf die Pumpen-, Schlauch- und Armaturentechnik nur insoweit eingegangen, wie es für das Verständnis der Zusammenhänge erforderlich ist. Hier wird auf die weiterführende bzw. ergänzende Literatur und auf den jeweiligen Betreiber der öffentlichen Wasserversorgung verwiesen.

Für Ergänzungen, Erfahrungen oder Hinweise bin ich sehr dankbar und werde diese gerne bei einer Folgeauflage berücksichtigen.

Thomas Zawadke

1 Allgemeines zur Wasserversorgung

1.1 Zentrale Wasserversorgung

Grundsätzlich wird zwischen der Brauch- bzw. Trinkwasserversorgung für Haushalte, Industriebetriebe und andere Verbraucher über Leitungsnetze (zentrale Wasserversorgung) sowie der reinen Löschwasserbevorratung bzw. -vorhaltung unterschieden, die auch auf andere Weise als über Hydranten (z. B. offenes Gewässer) sichergestellt werden kann (unabhängige Löschwasserversorgung).

Das Arbeitsblatt W 408 des Deutschen Vereins des Gas- und Wasserfaches e. V. (DVGW), regelt die Wasserentnahme und die zugehörige Installation sowie den Betrieb von »Entnahmevorrichtungen« (aus Sicht der Feuerwehr – Hydranten und Standrohre) zur Versorgung mit Trinkwasser UND der Versorgung mit »Nichttrinkwasser« (im Sine der Feuerwehr – Löschwasser). Das Mitglied einer Feuerwehr verlässt sich darauf, dass die zur Verfügung gestellte Ausrüstung den Ansprüchen und gesetzlichen Vorgaben entspricht. In Feuerwehrkreisen sind jedoch die Vorgaben des DVGW nicht hinreichend zur Kenntnis genommen worden und in den letzten Jahren ist in allen einschlägigen Fachgremien eine Diskussion entbrannt, ob Änderungen in der Ausbildung und/oder Technik erforderlich sind und wenn ja, wie diese dann auszusehen haben.

Auch aus rechtlicher Sicht ist diese Entwicklung relevant, da die Feuerwehren bei der zunehmenden Anzahl der privaten

1 Allgemeines zur Wasserversorgung

Wasserversorger ein Nutzer der Leitungsnetze sind wie jeder andere Wasserbezieher auch. Die Feuerwehren beziehen zwar im Verhältnis zu den anderen Wasserbeziehern nur einen geringen Bruchteil (die Berliner Feuerwehr z. B. weniger als 0,005 % des gesamten Jahresbedarfs der Stadt[1]) der gesamten Wassermenge, aber der kurzfristige hohe Wasserbezug im Einsatzfall stellt die Wasserversorger vor große Probleme, insbesondere dann, wenn nur noch alte Leitungsnetze oder Leitungen mit reduzierten Leitungsquerschnitten vorhanden sind.

Unter bestimmen Bedingungen können bei der Löschwasserentnahme am Hydranten bzw. Standrohr und dem Fehlen geeigneter Sicherungseinrichtungen, z. B. infolge von Rückfließen von Wasser aus dem Löschfahrzeug, Verunreinigungen in das Rohrnetz gelangen und damit die Trinkwasserqualität beeinträchtigen. Aufgrund der hohen Wasserentnahme kann Unterdruck im Rohleitungsnetz entstehen. Zugleich können durch dynamische Druckänderungen (Druckstöße oder auch »Wasserhammer« genannt, verursacht z. B. beim schnellen Schließen von Ventilen) abhängig von den Fließverhältnissen im Rohrnetz Rohrbrüche ausgelöst werden.

Die gesetzliche Notwendigkeit von Sicherungseinrichtungen ergibt sich aus § 17 Abs. 6 TrinkwV (Trinkwasserverordnung):

---

[1] Die Angabe von 0,005 % lässt sich wie folgt ermitteln: gerundeter jährliche Wasserbedarf der Stadt Berlin (Quelle: Berliner Wasserbetriebe) 199.290.000 Kubikmeter, jährliche Verbrauch der Berlin Feuerwehr 10.000 Kubikmeter (Quelle: Torsten Heck, Berliner Feuerwehr).

1.1 Zentrale Wasserversorgung

»Wasserversorgungsanlagen, aus denen Trinkwasser abgegeben wird, dürfen nicht ohne eine den allgemein anerkannten Regeln der Technik entsprechende Sicherungseinrichtung [...] verbunden werden«.

Aus diesem Grund wurden Anpassungen an die Technik und das entsprechende Vorgehen bei den Feuerwehren gefordert. Diese haben es umzusetzen, um nicht Gefahr zu laufen sich einem Organisationsverschulden strafbar zu machen.

Im Einzelnen ist zu beachten:

- Die sichere Trennung von Trinkwasser und Nichttrinkwasser muss sichergestellt werden.
- Abhängig vom Löschwasserbezug und eventuellen Löschmittelzusätzen ist Löschwasser, welches in das Rohrnetz geraten könnte, analog Kategorie 4 nach DIN EN 1717 (Flüssigkeit, die eine Gesundheitsgefährdung für Menschen durch die Anwesenheit einer oder mehrerer giftiger oder besonders giftiger Stoffe oder einer oder mehrerer radioaktiven, mutagenen oder kanzerogenen Substanzen darstellt) bzw. Kategorie 5 nach DIN EN 1717 (Flüssigkeit, die eine Gesundheitsgefährdung für Menschen durch die Anwesenheit von mikrobiellen oder viruellen Erregern übertragbarer Krankheiten darstellt) einzustufen.
- Von Kategorie 5 ist insbesondere dann auszugehen, wenn als Löschwasser offensichtlich verkeimtes Wasser entnommen wird, so dass dann ein Zwischenbehälter mit freiem Auslauf für das entnom-

1 Allgemeines zur Wasserversorgung

mene Löschwasser (aus dem Rohrnetz) eingesetzt werden muss.

- Die Notwendigkeit des freien Auslaufs (auch »freier Einlauf« genannt) bei Löschwassertanks ist bei der Beschaffung von (Tank-)Löschfahrzeugen zu fordern (Hinweis: die Hersteller sind sensibilisiert und eine technische Definition ist über die einschlägigen Normgremien dazu erfolgt, siehe auch Kapitel 2.3).
- Es muss ein Systemtrenner nach DIN 14346 an jedem Abgang am Standrohr oder Überflurhydranten eingesetzt werden. Hinweis: wer bisher einen Rückflussverhinderer am Standrohr oder Überflurhydranten eingesetzt hat, darf diesen weiterverwenden. Bei Ersatzbeschaffung muss auf einen Systemtrenner umgestellt werden.
- Es dürfen ausschließlich Sammelstücke mit federbelasteten Einzelklappen bzw. Einzelabsicherungen verwendet werden (dieses gilt dann einem Rückflussverhinderer als gleichgestellt). Das »klassische« Sammelstück mit Umschlagklappe (umgangssprachlich auch Hosenstück genannt) sichert die einzelnen Leitungen nicht gegen Rückfluss ab und ist deshalb zu ersetzen.
- Bei der Nutzung von Pumpenvormischern bzw. des Nebenschlussverfahrens darf die Zuführung des Wassers nicht direkt aus dem Rohrnetz erfolgen, sondern muss durch einen freien Auslauf (zum Beispiel durch einen vorgelagerten Tank), Einsatz eines Systemtrenners oder Versorgung über eine andere Pumpe (indirekte Versorgung) mit zwei

1.1 Zentrale Wasserversorgung

Rückflussverhinderern nach dem Hydranten und vor der Pumpe erfolgen.
- Es dürfen keine Druckstöße durch die Löschtechnik der Feuerwehr für das Rohleitungsnetz auftreten. Ventile müssen verzögert geschlossen werden. Dynamische Druckänderungen sind bei Neufahrzeugen durch konstruktive Maßnahmen zu vermeiden.
- Das eingesetzte Personal muss qualifiziert sein und fortlaufend geschult werden.

1.1.1 Trink- und Löschwasserversorgung über Leitungssysteme

In der Regel wird von einem Einheitsrohrleitungsnetz in den Kommunen ausgegangen. Das heißt, die Löschwasserversorgung ist in die Brauch-/Trinkwasserversorgung integriert. Nur selten wird ein zweites Rohrleitungssystem zur reinen Löschwasserversorgung vorgehalten. Diese Technik findet man z. B. in großen Industriebetrieben, die neben dem öffentlichen Trinkwassernetz ein eigenes Leitungsnetz (z. B. als Kühlwasserkreislauf für Prozessanlagen) vorhalten müssen, das im Einsatzfall auch zur Brandbekämpfung verwendet werden kann (Bild 1).

Beim Einheitsrohrleitungsnetz muss sichergestellt sein, dass im Brandfall eine ausreichend große Menge an Löschwasser entnommen werden kann, wobei vom Löschwasserbedarf des größten Objektes auszugehen ist. Der tägliche Bedarf an Brauch- bzw. Trinkwasser wird in der Regel allerdings wesentlich geringer sein.

1 Allgemeines zur Wasserversorgung

Bild 1: *Auf diesem Bild sind zwei Überflurhydranten zu sehen, wovon einer an das öffentliche Trinkwassernetz (links, separat gekennzeichnet) und einer an das werkeigene Wassernetz angeschlossen ist.*

So kann ein für den Brandfall dimensioniertes Leitungsnetz für den Betreiber erhebliche Probleme (z. B. Keimbildung oder Verschlammung der Leitungen) und damit hohe Investitions- und Unterhaltskosten mit sich bringen.

Da das Leitungsnetz die größte Investition im Rahmen der Wasserversorgung darstellt, ist es durchaus verständlich, dass immer mehr neu ausgewiesene Wohn- oder Mischbaugebiete mit geringeren Leitungsquerschnitten ausgestattet werden.

1.1 Zentrale Wasserversorgung

Die Dimensionierung der Trinkwasserleitungen erfolgt oft aus wirtschaftlichen Gründen nur noch nach den Erfordernissen der »Kunden«. Die Anforderungen hinsichtlich der Löschwasserversorgung werden in Neubaugebieten immer öfters unterschritten.

Eine netzunabhängige Löschwasserversorgung aus offenen Wasserentnahmestellen an Weihern, Seen, Flüssen, Kanälen und Bächen oder aus künstlich angelegten Löschwasserteichen, unterirdischen oder oberirdischen Löschwasserbehältern und Tiefbrunnen wird in den seltensten Fällen als Ersatzmaßnahme in Betracht gezogen (Bild 2).

Dabei bietet die netzunabhängige Löschwasserversorgung den Vorteil der uneingeschränkten Verfügbarkeit bei Ausfall des normalen Wasserversorgungsnetzes (z. B. Leitungsbruch bei Erdrutschen, Erdbeben, Sabotage usw.).

Insbesondere in Bezug auf Vegetationsbrände sollte dieser Löschwasservorhaltung erhöhte Aufmerksamkeit geschenkt werden, denn sie ist sehr kostengünstig dort anzulegen, wo sie mit kurzen Wegen verfügbar gemacht werden kann und auch das Befüllen von Außenlastbehältern zur Brandbekämpfung aus der Luft mit Hubschrauber wird ein zunehmend wichtiger Gesichtspunkt in der strategischen Planung der Brandbekämpfung bei Flächenbränden in Wald und Flur in Deutschland werden müssen. Bevor im Einsatzfall mit erheblichen Zeitaufwand Großbehälter auf Lichtungen platziert werden müssen, die dann wiederum mit Großtanklöschfahrzeugen im Pendelbetrieb oder einer Wasserförderung über lange Wegstrecken befüllt werden müssen, sollten künstliche Teiche angelegt werden, die dann zusätzlich die Funktion von

1 Allgemeines zur Wasserversorgung

Biotopen und neue Lebensräume für Tiere und Pflanzen übernehmen.

Bild 2: *Ein künstlich angelegter Teich, der durch einen kleinen Bach ständig mit Wasser versorgt wird und über Fahrwege erreichbar ist, stellt eine ideale Löschwasserversorgung am Ortsrand dar. Zur Verwendung mit Hubschrauber und Außenlastbehälter muss die Bepflanzung angepasst werden, um keine Gefahr bei An- und Abflug darzustellen.*

1.1 Zentrale Wasserversorgung

Bild 3: *Ein künstlich angelegter See im Gebirge als Reservoir für eine Beschneiungsanlage ist als Löschwasserteich auch für Hubschrauber mit Außenlastbehälter geeignet.*

1 Allgemeines zur Wasserversorgung

1.1.2 Wassergewinnung und -aufbereitung

Im Rahmen dieses Roten Heftes kann auf die komplexe Technik der Wassergewinnung, -aufbereitung, -hebung, Quell- oder Seefassung, Entkeimung, Reinigung usw. nicht näher eingegangen werden. Hier wird auf die weiterführende Literatur verwiesen und es wird empfohlen, sich mit dem örtlichen Wasserversorger (z.B. Stadtwerke) in Verbindung zu setzen, um nähere Auskünfte zu erhalten.

Zum Verständnis der nachfolgenden Betrachtungen sollte bekannt sein, woher das Wasser kommt: Auch bei Temperaturen unter dem Siedepunkt bildet sich an Wasseroberflächen (Meere, Seen, Flüsse usw.) ständig Wasserdampf. Dieses verdunstete Wasser wird von der Luft (je nach Temperatur fünf bis 50 g/m²) aufgenommen. Es entstehen Wolken, die mit dem Wind über das Land getrieben werden. Durch die Abkühlung der Luft wird der Wasserdampf in Form von Niederschlägen (Regen, Schnee, Nebel, Tau oder Hagel) wieder abgegeben. Diese Niederschläge fließen oberirdisch (Flüsse, Bäche, Rinnsale) ab oder versickern im (nicht versiegelten) Erdboden, bis sie auf undurchlässige Schichten (z.B. Lehm) stoßen. Auf diese Weise entsteht im Erdboden das Grundwasser. Der Grundwasserspiegel ist dabei abhängig von den wasserundurchlässigen Schichten und der Niederschlagsmenge. Vereinfacht dargestellt, wird das Grundwasser aus Brunnen oder Quellfassungen zu Tage gefördert und in Wasserbehältern gesammelt. Es wird aufbereitet (entkeimt, gereinigt, gefiltert usw.) und anschließend über die zentrale Wasserversorgung über Leitungssysteme den Verbrauchern zugeführt.

1.1 Zentrale Wasserversorgung

Bild 4: *In manchen Städten stehen Wassertürme, die aufgrund ihres Alters bereits als historisch geschützte Bauten gelten oder durch ihre imposante Erscheinung zum städtischen Erscheinungsbild beitragen bzw. zu einem Wahrzeichen geworden sind, wie hier in Neu-Ulm.*

1 Allgemeines zur Wasserversorgung

Wasserbehälter stehen in der Regel an einem Hang oder werden in flachen Gebieten als Hochbehälter ausgeführt, um ein natürliches Druckgefälle zu erzeugen. Normalerweise hat ein Wasserbehälter drei Kammern. Diese werden als Verbrauchs- (= Ablaufkammer), Löschwasser- (= Zulaufkammer) und Schieberkammer bezeichnet. Das Wasser aus dem Brunnen oder der Quelle wird zunächst in die Löschwasserkammer gepumpt (wenn es nicht durch natürliches Gefälle einfließen kann) und läuft – wenn diese Kammer gefüllt ist – über einen Überlauf oder eine Trennmauer in die eigentliche Verbrauchskammer. Dadurch ist immer ein Reservoir (zirka 50 bis 200 m^2) für Löschzwecke vorhanden und durch den ständigen Wasserfluss bleibt dieses Wasser auch gebrauchsfähig (z. B. keine Algenbildung im Behälter).

Im Brandfall kann nun der Feuerschieber in der Schieberkammer geöffnet (wenn der normale Wasserfluss nicht ausreichend ist) und zusätzliches Wasser in die Wasserleitung eingespeist werden (Bild 5).

Die Wasseraufbereitung ist ausschließlich den Betreibern der öffentlichen Wasserversorgung vorbehalten. Im Rahmen des Katastrophenschutzes werden in der Bundesrepublik Deutschland zusätzlich transportable Trinkwasseraufbereitungsanlagen vorgehalten, die z. B. durch das THW oder Rettungsdienstorganisationen betrieben werden.

Unter anderem haben auch die Feuerwehren im Bedarfsfall die Aufgabe, das aufbereitete Trinkwasser mit geeigneten Transportmitteln im Einsatzgebiet zu verteilen. Aufgrund des hohen Aufwandes zur Reinigung von Löschwassertanks und des nicht ausreichend sichergestellten Reinigungseffektes muss aus heutiger Sicht davon abgeraten werden, dies mit

1.1 Zentrale Wasserversorgung

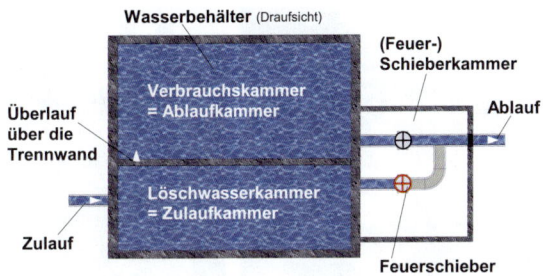

Bild 5: *Schematische Darstellung eines Zweikammer-Wasserbehälters mit (Feuer-)Schieberkammer*

Tanklöschfahrzeugen durchzuführen, selbst wenn die Tanks vorher gereinigt wurden.

Ebenso stehen die geringen Tankvolumina von Löschfahrzeugen im Verhältnis zum notwendigen Bedarf in keinem Verhältnis mehr. Auch muss angezweifelt werden, dass ausreichend Löschfahrzeuge im Bedarfsfall zur Verfügung stehen, ohne den Grundschutz zu gefährden. Aus diesem Grund sollten andere Transportmittel verwendet werden, die allerdings in den Alarmplänen bekannt sein müssen und im Einsatzfall auch verfügbar gemacht werden können. So eignen sich Tankfahrzeuge für den Lebensmitteltransport (z. B. für Milch- oder Weintransporte), Großbehälter (anstelle von Bierfässern) für Großveranstaltungen oder auch neue IBC-Behälter oder spezielle flexible Tankblasen deutlich besser als nicht ausreichend gereinigte Tanks von Löschfahrzeugen.

1 Allgemeines zur Wasserversorgung

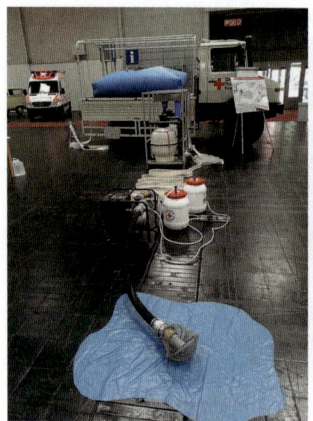

Bild 6 und 7: Beispiel einer mobilen Trinkwasseraufbereitungsanlage. Im Hintergrund ein Transportfahrzeug des DRK mit Tankblase, zugelassen für den Trinkwassertransport (links). Beispiel eines mobilen Trinkwassertransport und -verteilersystems in Form eines Anhängers (rechts).

1.1.3 Öffentliche Trinkwasserversorgung

Als Rohrnetz bezeichnet man das unter Straßen verlegte Leitungssystem innerhalb eines Versorgungsgebietes in Kommunen. Dieses besteht aus verzweigten bzw. maschenförmig verbundenen Haupt-, Versorgungs- und Anschlussleitungen. Der Druck im Rohrnetz der zentralen Wasserversorgung beträgt in der Regel zwischen drei und sechs bar, je nach Betreiber

1.1 Zentrale Wasserversorgung

und örtlichen Gegebenheiten. In Einzelfällen kann der Druck auch geringer (zirka 1,5 bar) oder höher sein.

Neben den ortsgebundenen Hausanschlüssen gibt es »Anschlusseinrichtungen zur Wasserentnahme« für die ortsungebundene Wasserentnahme. Diese dienen den verschiedenen Verbrauchern wie z. B. Baufirmen, der Straßenreinigung und Gartenbaubetrieben sowie der Feuerwehr zur Entnahme von Wasser. Die Standrohre zur Wasserentnahme durch die erstgenannten Verbraucher unterscheiden sich von denen der Feuerwehr durch einen Durchflussmesser, da diese ihren Wasserverbrauch mit der Kommune bzw. dem Betreiber abrechnen müssen. Feuerwehren sind als kommunale Einrichtungen hiervon ausgenommen bzw. die Verrechnung erfolgt gegebenenfalls über die Kommune.

1.1.4 Industrielle Brauchwasserversorgung

Große Industriebetriebe verfügen häufig über eine eigene Wasserversorgung für Produktionsanlagen und Einrichtungen, um kein aufbereitetes (und damit teures) Trinkwasser verwenden zu müssen.

Diese reinen Brauchwassernetze lassen sich unter gewissen Bedingungen auch zur Löschwasserversorgung verwenden. Dabei ist jedoch sicherzustellen, dass bei gleichzeitiger Versorgung einer löschtechnischen Einrichtung (Feuerlöschkreiselpumpe oder Zumischtechnik) aus einem Trink- und einem Brauchwassernetz eine Verbindung der beiden Leitungssysteme sicher ausgeschlossen ist, um ein Rückströmen von Keimen aus dem Brauchwassernetz in das Trinkwassernetz zu verhindern.

1 Allgemeines zur Wasserversorgung

Bild 8: *Beispiel eines Standrohres für externe Nutzung. Man beachte die Anschlussmöglichkeit mit Storz-Kupplung und Wasserhahn sowie die Anzeige zum Wasserverbrauch (hier abgedeckt mit weißer Kappe).*

1.1 Zentrale Wasserversorgung

Dies kann z. B. durch Rückflussverhinderer in den Anschlussleitungen zum Löschsystem erfolgen. Aus heutiger Sicht müssen dazu eher Systemtrenner verwendet werden oder gleich eine strikte Trennung der beiden Wasserkreisläufe sichergestellt werden.

Die werkseigenen Wasserversorgungen sind oft sehr leistungsstark und verfügen sowohl über ein hohes Druckniveau (häufig ist keine Verstärkerpumpe erforderlich) als auch große Volumenströme (oft mehrere tausend l/min).

Bild 9: *Leitungsführung (meist mit Verstärkerpumpe) einer Beschneiungsanlage, die auch zu Löschzwecken im alpinen Bereich herangezogen werden kann.*

1 Allgemeines zur Wasserversorgung

In Skigebieten sind oft Beschneiungsanlagen vorhanden. Das notwendige Wasser wird über fest verlegte Hochdruckleitungen zugeführt. In diesen Gebieten gibt es meist große Hütten oder Restaurants, die teilweise nicht an ein öffentliches Trinkwasserversorgungsnetz angeschlossen sind. Somit ist auch keine ausreichende Löschwasservorhaltung vorhanden, wenn nicht zusätzlich Vorsorge (z. B. Löschteich) getroffen wurde. Mancherorts werden die Hochdruckleitungen der Beschneiungsanlagen als Löschwasserversorgung genutzt, indem die Feuerwehr Zugang zu den Pumpstationen hat und Adapter mit Druckreduzierung (die Anlagen arbeiten mit einem Druck von bis zu 40 bar) für die Feuerwehrarmaturen vorgehalten werden.

1.1.5 Grundlagen des Hydrantensystems

Begriffe der Wasserleitungen
- **Zubringerleitungen** sind Leitungen vom Ort der Wassergewinnung bis zu einem Reservoir oder Versorgungsgebiet (Rohrquerschnitt 600 bis 1 500 mm).
- **Hauptleitungen** sind Leitungen innerhalb des Versorgungsgebiets, von denen die Versorgungsleitungen abzweigen (Rohrquerschnitt 200 bis 500 mm).
- **Versorgungsleitungen** sind Leitungen mit Anschlüssen zu Hydranten und Anschlussleitungen (Rohrquerschnitt 50 bis 200 mm).
- **Anschlussleitungen** sind Leitungen zu den Verbrauchern.

1.1 Zentrale Wasserversorgung

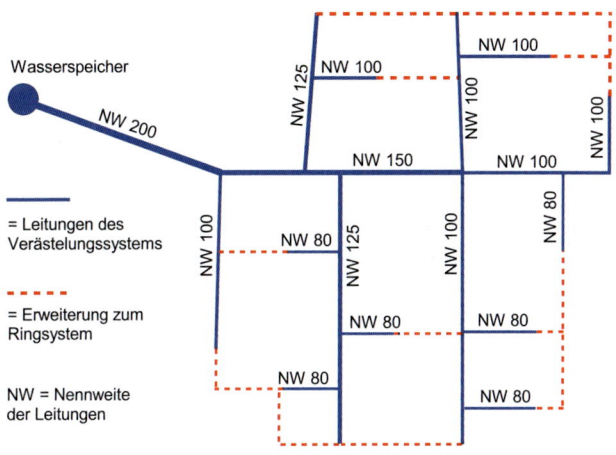

Bild 10: *Schematische Darstellung des Verästelungs- und Ringsystems*

Die Leitungssysteme für die Versorgung der Hydranten werden in zwei Netzformen unterschieden: das Verästelungssystem (ähnlich einer Baumstruktur) und das Ringsystem (Bild 10).

Beim Verästelungssystem verzweigen sich Verteil- oder Nebenleitungen, die alle von der gleichen Haupt- oder Verteilleitung ausgehen. Viele Hydranten werden dabei nur von einer Leitung gespeist. Beim Ringsystem bilden die Leitungen Ringe, das heißt die Enden der Verteil- oder Nebenleitungen sind miteinander verbunden. Hydranten werden dabei immer von zwei Seiten an eine Leitung angebunden.

1 Allgemeines zur Wasserversorgung

Die Netzform kann einen großen Einfluss auf die Löschwasserversorgung haben. Daher sollte man die Vor- und Nachteile genau kennen (Tabelle 1). Zweckmäßig ist es natürlich, über die Anordnung im jeweiligen Einsatzgebiet Bescheid zu wissen. Die Vorhaltung von Hydrantenplänen ist eine wertvolle Hilfe, wenn nicht sogar eine Notwendigkeit. Auch regelmäßige Begehungen (mindestens einmal jährlich) und Übungen sind wichtig, um den Zustand und die Leistung der Hydranten im Bedarfsfall besser beurteilen zu können. Es kommt schon mal vor, dass Unterflurhydranten bei Straßensanierung überdeckt (z. B. mit einer Teerschicht überzogen) werden oder Hinweisschilder »abhanden« kommen.

Tabelle 1: *Vor- und Nachteile der Rohrleitungsnetzformen*

Faktoren	Verästelungssystem	Ringsystem
Druckverlust	hoch	gering
Druckschläge	groß	klein
Durchflutung	ungünstig	auch bei geringer Entnahme günstig
Reparatur	große Netzabschieberung notwendig	nur kleine Netzabschieberung erforderlich
Pumpenbetriebskosten	höher als bei Ringsystem	geringer als bei Verästelungssystem
Baukosten	geringer als bei Ringsystem	höher als bei Verästelungssystem

1.1 Zentrale Wasserversorgung

Bild 11: *Hydrantenarten (von links: Fallmantel-, Unterflur- und offener Überflurhydrant)*

Hydranten sind absperrbare Wasserentnahmestellen des öffentlichen Leitungsnetzes und müssen der DIN EN 14339 (Ersatz für DIN 3221) als Unterflurhydranten und der DIN EN 14384 (Ersatz für DIN 3222) als Überflurhydrant entsprechen. Sie dienen nicht nur der Feuerwehr zur Löschwasserentnahme, sondern auch den Netzbetreibern zur Leitungsentlüftung und Leitungsspülung. Kommunale Einrichtungen, wie z. B. Straßenreinigung, Straßenunterhaltung, Bauhof und Gemeindegärtnerei, setzen die Leitungen zur Reinigung und Bewässerung oder als Wasseranschluss bei Bauvorhaben ein. Wegen der Frostgefahr müssen Hydranten entwässert werden können. Die Absperrschieber befinden sich daher immer ausreichend tief in der Erde.

Grundsätzlich werden Unter- und Überflurhydranten unterschieden, die regional unterschiedliche Bauausführungen aufweisen können.

1 Allgemeines zur Wasserversorgung

Bild 12 und 13: *Es werden heute Hydranten auch in unterschiedlichen Ausführungen hergestellt, um sie dem Straßen- oder Ortsbild besser anpassen zu können.*

1.1 Zentrale Wasserversorgung

Bild 14: *Eine kleine Auswahl unterschiedlicher Hydranten-Varianten*

Bei den Überflurhydranten unterscheidet man die weit verbreitete und kostengünstigere offene Bauweise von der geschlossenen Version, dem so genannten Fallmantelhydranten (Bild 11). Fallmantelhydranten findet man meist in geschlossenen Ortschaften. Sehr selten sind auch noch Kippmantelhydranten anzutreffen. Ein Vorteil der geschlossenen Ausführung ist der Schutz vor Missbrauch und Vandalismus. Umgangssprachlich werden Überflurhydranten mancherorts auch als Oberflurhydranten bezeichnet.

Unterflurhydranten werden dann eingesetzt, wenn Hydranten im öffentlichen oder privaten Verkehrsraum oder auf

1 Allgemeines zur Wasserversorgung

Bewegungsflächen angeordnet werden müssen, da sie unterhalb des Erdniveaus verbaut werden. Im Einsatz muss die Feuerwehr zunächst den Hydrantendeckel öffnen und ein Standrohr setzen. Mit dem Unterflurhydrantenschlüssel kann dann das Ventil geöffnet werden (Bild 15).

Bild 15: *An diesem Schnittmodell ist die Funktionsweise der Absperrung eines Unterflurhydranten sehr gut zu erkennen.*

Bei den Standrohren werden zwei unterschiedliche Längen unterschieden: das Standrohr nach DIN 14375 Teil 1 und eine lange Version, bekannt als »Württemberger« Standrohr (Bild 16). Hinweis: Mit einem Verlängerungsrohr kann ein DIN-Standrohr auch in einen tiefen (»Württemberger«) Schachthydranten eingesetzt werden. Um keinen Unterdruck

1.1 Zentrale Wasserversorgung

in den Rohleitungen bei zu hohem Löschmittelbezug durch die Feuerlöschkreiselpumpe zu erzeugen, sollten Standrohre mit integrierten, vollautomatischen Belüftungsventilen (auch Vakuumbrecher genannt) ausgestattet sein.

Bei Überflurhydranten entfällt die o. g. Prozedur. Jedoch sind diese nicht überall einsetzbar. In der Tabelle 2 werden die Vor- und Nachteile der Hydrantensysteme gegenübergestellt.

Tabelle 2: *Vor- und Nachteile der Hydrantensysteme*

Entscheidungskriterium	Überflurhydrant	Unterflurhydrant
Auffindbarkeit	einfach, da gut sichtbar	trotz Hinweisschilder oft schlecht zu finden
Einsatzbereitschaft	schnell einsatzbereit	eventuell verzögert durch parkende Autos
Erforderliches Zubehör	Dreikant- oder ÜH-Schlüssel	UH-Schlüssel und Standrohr, eventuell Auftaugerät oder Deckelheber
Inbetriebnahme	unkompliziert	hoher Zeitbedarf beim Inbetriebsetzen
Unterhalt	einfacher Unterhalt	erschwerter Unterhalt
Druckverlust/ Lieferleistung	sehr leistungsfähig	großer Druckverlust und eingeschränkter Volumenstrom durch Standrohr
Winterbetrieb	keine Gefahr des Einfrierens	Deckel und Schächte gefrieren bei Schmelzwasser

1 Allgemeines zur Wasserversorgung

Tabelle 2: *Vor- und Nachteile der Hydrantensysteme – Fortsetzung*

Entscheidungs-kriterium	Überflurhydrant	Unterflurhydrant
Verschmutzung	keine Verschmutzungsgefahr	Verschmutzung und Rost durch Sand, Schlamm, Salzwasser usw.
Aufstellungsort	Aufstellung oft nicht möglich	nicht verkehrsbehindernd, auch auf der Straße möglich
Unfallgefährdung	Hindernis für Verkehrsteilnehmer	kein Hindernis bei Nichtgebrauch

Bei der Aufstellung von Hydranten ist zu beachten, dass sich diese nicht zu nahe an Gebäuden befinden. Die Entfernung vom Gebäude sollte mindestens gleich groß sein wie die Gebäudehöhe (Trümmerschatten). Der Aufstellort sollte gut erkennbar und für Löschfahrzeuge bzw. zur Bedienung gut zugänglich sein. An verkehrsreichen Straßen oder an Bahngleisen sollten Hydranten beidseitig angeordnet sein. Der Abstand der Hydranten wird in Abhängigkeit der Bebauung innerhalb eines Versorgungsgebietes gewählt und kann unterschiedliche Werte aufweisen. In der Regel betragen die Abstände der Hydranten in geschlossenen Ortschaften zirka 80 bis 100 Meter und außerhalb zirka 120 Meter. In besonders exponierten Lagen oder bei besonders hohem Gefahrenpotenzial können die Abstände auch geringer sein.

1.1 Zentrale Wasserversorgung

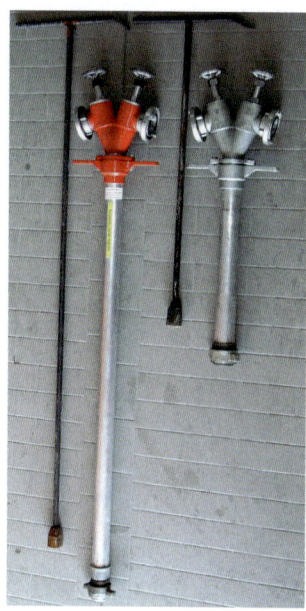

Bild 16 und 17: *Standrohr nach DIN 14375 Teil 1 (silbern) und »Württemberger«-Standrohr (links). In dem Trinkwasserstandrohr (rechts) sind die Ventilteller der Niederschraubventile federbelastet, sodass sie als Rückschlagventile in jedem Abgang fungieren können. In der Kupplungsaußenseite sind diese Standrohre zudem mit einem integrierten, vollautomatischen Belüftungsventil (Vakuumbrecher) ausgestattet.*

1 Allgemeines zur Wasserversorgung

Diese Vorgaben sowie entsprechende Angaben über die Dimensionierung der Löschwasserleitungen in Baugebieten zur Abdeckung des Grundschutzes werden in den Arbeitsblättern W 331, 400-1, 405, 408 und 408-B1 des Deutschen Verbandes des Gas- und Wasserhandwerks (DVGW) definiert. Es ist aber dringend zu empfehlen, dass die Feuerwehren oder die zuständige Verwaltung auf die Einhaltung drängen oder auf örtlich abweichende Vereinbarungen hinweisen.

Damit Unterflurhydranten vor Ort schnell auffindbar sind, werden entsprechende Schilder nach DIN 4066 »Hinweisschilder für die Feuerwehr« gefordert (Bilder 18 und 19).

Bild 18 und 19: *Unterflurhydrant, der auf einer Versorgungsleitung mit einer Durchfluss-Nennweite von 150 Millimetern aufgeflanscht ist. Der Abstand des Schilds zum Hydranten ist sehr groß und die Auffindbarkeit dadurch erschwert (links). In Bild 19 (rechts) ist der Abstand zwischen Hinweisschild und Unterflurhydrant besser. Dieser befindet sich auf dem Gehweg und stellt so im Gebrauch keine Behinderung für den Straßenverkehr dar. Ggf. könnte der Hydrant von einem parkenden Fahrzeug verdeckt sein.*

1.1 Zentrale Wasserversorgung

> **Merke:**
> Für die Berechnung der Wasserliefermenge eines Hydranten in l/min kann man folgende »Faustformel« verwenden: Durchfluss-Nennweite x 10 = ungefähre Wasserlieferung in l/min.

Man kann also davon ausgehen, dass aus einem Hydranten mit einer Durchfluss-Nennweite (DN) von 100 Millimetern eine Wassermenge von zirka 1 000 l/min entnommen werden kann. Dieser Wert ist für die Feuerwehr jedoch nur als grober Richtwert anzusehen, da die Wasserliefermenge aus dem öffentlichen Leitungsnetz sehr stark von den örtlichen Gegebenheiten (Druckverhältnisse in den Leitungen, Art des Leitungssystems und vielem mehr) abhängig ist.

Nur der Vollständigkeit halber sei auf Hydrantenpläne, Hydrantenverzeichnisse oder Hydrantenhandbücher hingewiesen. Jede Feuerwehr sollte Unterlagen über die Art und den Ort der vorhandenen Hydranten in ihrem Einsatzgebiet verfügen und diese auch mindestens einmal jährlich durch eine Begehung prüfen sowie aufgetretene Mängel dem Wasserversorgungsunternehmen oder der Gemeindeverwaltung melden.

1.1.6 Anforderungen und Änderungen an Hydranten in öffentlichen Verkehrsflächen

Durch die Überarbeitung der Arbeitsblätter des Deutschen Verbandes des Gas- und Wasserhandwerks (DVGW) haben sich die Begriffe und vor allem die Abstände signifikant gegen-

1 Allgemeines zur Wasserversorgung

über den vorhergehenden Anforderungen verändert. So wird nicht mehr der Begriff »Hydrant« verwendet, sondern nur noch von einer »Wasserentnahmestelle« gesprochen. Ebenso sind die Entfernungen deutlich angestiegen und die Abstände werden »als Radius« um die Wasserentnahmestelle definiert und nicht mehr als »Abstand«, als tatsächlicher Weg. Das wirkt sich natürlich auf die Taktik und vor allem auf die vorzuhaltende Technik bei den Feuerwehren aus.

Nachfolgend werden aus der Information der Arbeitsgemeinschaft der Leiter der Berufsfeuerwehren und des Deutschen Feuerwehrverbandes in Abstimmung mit dem DVGW Deutscher Verein des Gas- und Wasserfaches e.V. die wichtigsten Anforderungen und Änderungen beschrieben.

Im DVGW-Arbeitsblatt W 400-1 ist in Bezug auf den Grundlagen der Löschwasserversorgung folgendes zu finden:

»Die Abstände von Hydranten müssen im Übrigen der Bebauung und Netzstruktur entsprechen. Für die Bereitstellung von Löschwasser ist DVGW W 405 (A) zu beachten. Die Abstände von Hydranten in Ortsnetzen, die auch der Löschwasserversorgung (Grundschutz) dienen, sind im Bedarfsfall abzustimmen.«

Aus Trinkwassersicht sollen möglichst wenige Hydranten verwendet werden. In der Regel ist davon auszugehen, dass ein Hydrant zwischen zwei Absperrarmaturen angeordnet ist. Das DVGW Arbeitsblatt W 400-1 empfiehlt folgende Obergrenzen für die Abstände von Absperrarmaturen in Versorgungsleitungen, so dass sich vergleichbare Obergrenzen für die Abstände von Hydranten ergeben:

1.1 Zentrale Wasserversorgung

- offene Bebauung: 400 m
- geschlossene Bebauung: 300 m

Es gibt also keine konkreten Vorgaben und die angestrebten oder empfohlenen Abstände sind aus Sicht der Feuerwehr nicht akzeptabel. Seitens der Feuerwehren bestehen daher folgende Anforderungen:

- Hydranten sind so anzuordnen, dass sie die Wasserentnahme leicht ermöglichen.
- Die Löschwasserversorgung für den ersten Löschangriff zur Brandbekämpfung und zur Rettung von Personen muss in einer Entfernung von 75 m Lauflinie bis zum Zugang des Grundstücks von der öffentlichen Verkehrsfläche aus sichergestellt sein.
- Entnahmestellen mit 400 l/min (24 m^3/h) sind vertretbar, wenn die gesamte Löschwassermenge des Grundschutzes in einem Umkreis (Radius) von 300 m aus maximal zwei Entnahmestellen sichergestellt werden kann.
- Die Abstände von Hydranten auf Leitungen in Ortsnetzen, die auch der Löschwasserversorgung (Grundschutz) dienen, dürfen 150 m nicht übersteigen. Größere Abstände von Hydranten bedürfen der Kompensation durch andere geeignete Löschwasserentnahmestellen.
- Der Löschwasserbedarf für den Grundschutz ist bei niedriger, in der Regel freistehender Bebauung (bis drei Vollgeschosse) mit 800 l/min (48 m^3/h) und bei sonstiger Bebauung mit mindestens 1.600 l/min

1 Allgemeines zur Wasserversorgung

($96\,m^3/h$) und für eine Dauer von mindestens zwei Stunden zu bemessen.
- Der insgesamt benötigte Löschwasserbedarf ist in einem Umkreis (Radius) von 300 m nachzuweisen. Diese Regelung gilt nicht über unüberwindbare Hindernisse hinweg. Das sind z. B. Bahntrassen, mehrspurige Schnellstraßen sowie große, langgestreckte Gebäudekomplexe, die die tatsächliche Laufstrecke zu den Löschwasserentnahmestellen unverhältnismäßig verlängern.
- Bei der oben genannten Wasserentnahme aus Hydranten (Nennleistung) darf der Betriebsdruck 1,5 Bar nicht unterschreiten.
- Für Gewerbe- und Industriegebiete ergeben sich ggf. höhere Anforderungen aufgrund von anderen rechtlichen Vorgaben, z. B. Muster-Industriebau-Richtlinie.

Es sei auch ausdrücklich darauf hingewiesen, dass bei der Benutzung von Hydranten zusätzlich folgende Probleme auftreten können:
- Durch die Löschwasserentnahme in bestimmten Netzbereichen kann der Betriebsdruck unter 1,5 bar fallen. Dies sollte der Feuerwehr bekannt sein und das Versorgungsunternehmen sollte einen entsprechend höheren Mindestbetriebsdruck für die betreffenden Hydranten benennen.
- Aufgrund der Hygieneanforderungen der Trinkwasserverordnung können sich Rohrquerschnitte und Mengen ergeben/verringern, die dann nicht mehr

ausreichen, um die vorgenannten Löschwassermengen im Einsatzfall aus dem Rohrnetz zur Verfügung zu haben.
- Weiterhin beziehen sich die Anforderungen nur auf den Grundschutz im Brandschutz für Wohngebiete, Gewerbegebiete, Mischgebiete und Industriegebiete ohne erhöhtes Sach- oder Personenrisiko.

Sofern die obigen Anforderungen an die Löschwasserversorgung nicht hinreichend erfüllt werden können, müssen andere Möglichkeiten, zum Beispiel durch unterirdische Löschwasserbehälter, -brunnen, -teiche bzw. bei zu großen Entfernungen weitere Hydranten erwogen werden. Die Abstimmung zur Ausführung und zur Kostenübernahme muss im Bedarfsfall zwischen der Gemeinde und dem Wasserversorgungsunternehmen erfolgen.

1.2 Unabhängige Löschwasserversorgung

Die unabhängige Löschwasserversorgung ist von der zentralen Wasserversorgung (Sammelwasserversorgung) unabhängig und besteht aus vorhandenen Wasservorräten, wie zum Beispiel offenen Gewässern, Löschwasserteichen oder Löschwasserbrunnen.

Flüsse, Bäche, Seen, Kanäle, Hafenanlagen und natürliche Weiher zählen zur »unerschöpflichen« Löschwasserversorgung. »Erschöpfliche« oder endliche Löschwasservorräte sind

1 Allgemeines zur Wasserversorgung

z. B. unterirdische Löschwasserbehälter (umgangssprachlich auch »Zisternen« genannt), eigens angelegte Löschteiche – wenn sie nicht von einem Bach gespeist werden –, Schwimmbäder oder Hochbehälter (Tabelle 3).

Tabelle 3: *»Erschöpfliche« und »unerschöpfliche« Wasserentnahmestellen*

Entnahmestelle	Erschöpflich	Unerschöpflich
Bach		X
Fluss		X
Kanal		X
See		X
Löschwasserbrunnen	X	
Hafenbecken		X
Löschwasserteich	X	
Stausee		X
Löschwasserzisterne	X	
Schwimmbad	X	
Hochbehälter	X	

1.2.1 Löschwasserversorgung über offene Gewässer

Wasserentnahmestellen an offenen Gewässern müssen gut zugänglich sein – auch im Winter. Die Saughöhe sollte gering

1.2 Unabhängige Löschwasserversorgung

sein und möglichst nicht mehr als drei Meter betragen, da die Leistung der Feuerlöschkreiselpumpen mit zunehmender Saughöhe rapide abnimmt. Der Abstand zu den zu schützenden Objekten darf nicht zu groß sein, sollte aber auch nicht zu gering gewählt werden, um sich nicht im Gefahrenbereich (Trümmerschatten, Explosionsbereich, Bewegungsflächen für Großfahrzeuge usw.) bewegen zu müssen.

Die Zufahrt und die Wasserentnahmestellen selbst sollten eben und so groß angelegt sein, dass mehrere Tragkraftspritzen oder Fahrzeugpumpen gleichzeitig aufgestellt und betrieben werden können (Bild 20). Zufahrten und Feuerwehrflächen müssen den Vorgaben der DIN 14090 »Flächen für die Feuerwehr auf Grundstücken« entsprechen.

Bild 20: *Beispiel einer gesicherten Aufstellfläche an einer Saugstelle. Vor der Absperrung befindet sich eine ausreichend große Wendefläche für Löschfahrzeuge.*

1 Allgemeines zur Wasserversorgung

Abweichungen sind mit der zuständigen Brandschutzdienststelle bzw. Feuerwehr abzustimmen.

An wenig tragfähigen, schwer zugänglichen Uferstellen, oder um eine schnelle Betriebsbereitschaft herstellen zu können, werden manchmal fest verlegte Saugleitungen montiert. Um ein Verschlammen der Saugsiebe zu verhindern, können diese auch schwenkbar ausgeführt sein (Bild 21). Damit die Ansaugsysteme der Pumpen nicht überfordert werden, sollte die Länge der Saugleitung allerdings nicht mehr als 20 Meter betragen.

Löschwasser-Sauganschlüsse als Entnahmeeinrichtungen für die Feuerwehr, z.B. auch bei Löschwasserbrunnen oder Löschwasserteichen, sind nach DIN 14244 genormt. Bei fließenden Gewässern mit geringer Wassermenge kann mithilfe einer einfachen Staumauer eine Löschwasserentnahme ermöglicht werden. Die Stauvorrichtung ist dabei so anzuordnen, dass das Wasser erst bei einer erforderlichen Wasserentnahme gestaut wird. Eine ständige Stauung ist in der Regel nicht zu empfehlen, da Kies, Sand, Erdreich oder Schlamm den Stauraum füllen und damit unbrauchbar machen.

Es gibt auch mobile Stausysteme, die erst im Einsatzfall in einen Bach oder Kanal eingebracht werden. Ein Ausführungsbeispiel ist in Bild 22 dargestellt.

Um auch im Winter an zugefrorenen Gewässern Saugstellen einrichten zu können, gibt es verschiedene Möglichkeiten, wobei immer eine gesicherte Zufahrt (geräumt, fester Untergrund usw.) vorhanden sein muss. Beispielsweise kann eine verankerte Tonne oder ein Rohr im Uferbereich platziert werden, deren Boden (Blech/Kunststoff bzw. Membrane aus Kunststofffolie) bei Bedarf ausgeschlagen bzw. durchstoßen

1.2 Unabhängige Löschwasserversorgung

Bild 21 und 22: *Schwenkbare Saugleitung an einem Bach zur Sicherstellung der Löschwasserversorgung für einen Industriebetrieb (links). Darstellung eines mobilen Stausystems (rechts).*

wird, um die Saugleitung einführen zu können (Bild 23). Eine weitere Möglichkeit stellt ein mit Sand oder Luft gefüllter Plastiksack dar, der im Einsatzfall durchstoßen wird. Das Aufsägen von Eisflächen mit der Motorsäge ist ebenfalls möglich, muss aber mit größter Vorsicht erfolgen.

Beim Aufbau und Betrieb von Saugleitungen oder Tauchpumpen an offenen Gewässern ist besondere Vorsicht geboten.

1 Allgemeines zur Wasserversorgung

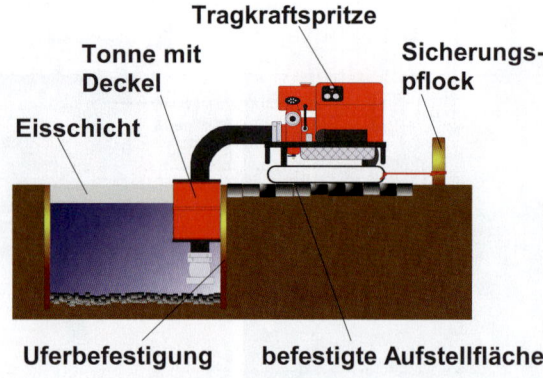

Bild 23: *Der Boden einer im Uferbereich befestigten Tonne kann im Einsatzfall durchstoßen werden, um eine Saugleitung in das zugefrorene Gewässer einführen zu können.*

Es besteht die Gefahr des Absturzes und Ertrinkens. Aus diesem Grund müssen die Einsatzkräfte entsprechend der jeweiligen Situation mit Leinen oder besser noch einer speziellen Absturzsicherung gesichert werden. Auch auf Rettungswesten sollte bei Arbeiten an (fließenden) Gewässern nicht verzichtet werden. Entscheidend für die Auswahl einer Rettungsweste ist nicht nur das Gewicht des Trägers, sondern auch seiner Kleidung. Daher sind für den Feuerwehreinsatz Rettungswesten der Klasse 275 (Tragkraft 275 Newton) zu empfehlen, um das zusätzliche Gewicht durch die Einsatzkleidung, Stiefel, Helm usw. zu berücksichtigen. Rettungswesten sind grundsätzlich nur dann

1.2 Unabhängige Löschwasserversorgung

sicher, wenn sie ausreichend tragfähig sind, korrekt angelegt und die Bebänderung richtig geschlossen wurde.

Merke:
Bei Arbeiten an offenen Gewässern sind die Gefahren durch Absturz und Ertrinken zu beachten! Grundsätzlich sind geeignete Absturzsicherungen sowie Rettungswesten anzulegen.

1.2.2 Löschwasserteiche

Löschwasserteiche sind nach DIN 14210 genormt. Ihre Größe ist von der Löschwasserbedarfsplanung abhängig. Ein Löschwasserteich sollte aber nicht weniger als 1 000 m³ fassen, die geringste Wassertiefe muss mindestens zwei Meter betragen.

Ein besonderes Augenmerk ist auf die Sicherung gegen unbefugtes Betreten zu richten. Deshalb ist ein Zaun (Umfriedung) mit einer Höhe von mindestens 1,25 Meter in einem Abstand von mindestens einem Meter zum Wasserspiegel (Bewegungsfläche) vorzusehen. Die Zufahrt ist durch ein mindestens zwei Meter breites, verschließbares Tor zu sichern. Sollen Fahrzeuge auf einer gesicherten Aufstellfläche innerhalb der Umzäunung aufgestellt werden können, muss das Tor breiter sein. Ansonsten gelten die im Kapitel 1.2.1 angesprochenen Hinweise sinngemäß.

Wenn der Löschteich auch zur Verwendung mit Hubschrauber und Außenlastbehälter geeignet sein soll, müssen nachfolgende Anforderungen zusätzlich erfüllt werden:

1 Allgemeines zur Wasserversorgung

1. Die Wassertiefe muss tief genug sein, dass auch ein großer Behälter komplett eintauchen kann und dabei nicht den Grund berührt (Beschädigungsgefahr!).
2. Der Grund muss so beschaffen sein, dass kein loser Grund aufgewirbelt werden kann und das Wasser unnötig verunreinigt.
3. Im Umkreis des Teiches und in der An- und Abflugschneise dürfen keine Hindernisse in Form von Antennen- oder Strommasten, Bäume, Freileitungen usw. vorhanden sein.
4. Es dürfen keine losen Teile (abgestorbenes Gestrüpp, gemähtes Gras oder Heu usw.) oder staubige Flächen um den Teich vorhanden sein (Gefahr für die Turbine beim Aufwirbeln durch die Rotoren).
5. Es sollte eine sichere Aufstellfläche für ein Stromaggregat und Scheinwerfer zum Ausleuchten der Fläche vorhanden sein.

Merke:

Wenn ein Teich neu angelegt ist und dieser zur Verwendung bei Vegetationsbränden vorgesehen ist, muss dieser in die Alarmplanung und die Einsatzkarten aufgenommen werden und es sollte unbedingt auch ein realer Test mit einem Hubschrauber vorgenommen werden.

1.2 Unabhängige Löschwasserversorgung

1.2.3 Löschwasserbrunnen

Löschwasserbrunnen nach DIN 14220 werden dann eingerichtet, wenn fest verlegte Saugleitungen oder Zufahrten zu offenen Gewässern nicht möglich sind oder das Grundwasserniveau sehr hoch ist. Ein großer Vorteil von Löschwasserbrunnen gegenüber offenen Gewässern ist, dass diese nicht einfrieren können und somit auch im Winter einsatzbereit bleiben.

Man unterscheidet zwei Typen von Löschwasserbrunnen: Das Grundwasser kann entweder durch Saugbetrieb (S) oder mit einer Tiefpumpe (T) gefördert werden. Bei Saugbrunnen kann entweder über einen Sauganschluss nach DIN 14244 oder durch Einbringen einer Saugleitung Wasser gefördert werden (Bild 24).

Wenn das Saugniveau tiefer als die geodätische Saughöhe ist, kann bei einem Tiefbrunnen mit einer elektrischen Tauchpumpe oder einer Turbinentauchpumpe Wasser gefördert werden. Allerdings wird zum Betrieb der Turbinentauchpumpe ein Fahrzeug mit ausreichend großem Löschwasserbehälter benötigt und der Betrieb mit einer elektrischen Tauchpumpe setzt einen ausreichend dimensionierten Stromerzeuger, parallel zur Tragkraftspritze voraus. Beide Prinzipien werden im Bild 24 dargestellt. Löschwasserbrunnen müssen entsprechend gekennzeichnet sein (siehe auch Bild 26) und die Zufahrt muss der DIN 14090 »Flächen für die Feuerwehr auf Grundstücken« entsprechen.

1 Allgemeines zur Wasserversorgung

Sauganschluss für Saugstellen, Löschwasserbrunnen und unterirdische Löschwasserbehälter

Löschwasserbrunnen für Saugbetrieb

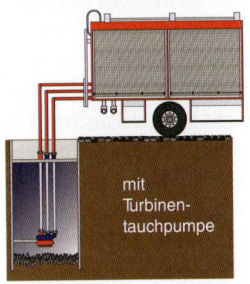
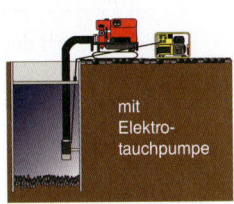

Löschwasserbrunnen mit Tiefpumpe

Bild 24: *Darstellung der verschiedenen Sauganschlüsse zur Wasserentnahme*

1.2 Unabhängige Löschwasserversorgung

1.2.4 Unterirdische Löschwasserbehälter

Unterirdische Löschwasserbehälter nach DIN 14230, umgangssprachlich auch als »Zisternen« bezeichnet, werden dort angelegt, wo kein Löschwasserbrunnen möglich und keine ausreichende Fläche für einen Löschwasserteich vorhanden ist. Man unterscheidet drei Größen von unterirdischen Löschwasserbehältern: Klein (75 bis 150 m³), Mittel (150 bis 300 m³) und Groß (mehr als 300 m³).

Durch die entsprechende Auslegung kann die Fläche über dem Behälter genutzt werden (Bild 25). Zu diesem Zweck wird nach DIN 14230 gefordert, dass die Abdeckung neben dem Gewicht der Erdschüttung zusätzlich ein Fahrzeuggewicht von mindestens 16 Tonnen aufnehmen können muss.

Die Wassertiefe eines genormten unterirdischen Löschwasserbehälters muss mindestens zwei Meter betragen, eine maximale Tiefe von 7,5 Metern (= geodätische Saughöhe von Feuerlöschkreiselpumpen) sollte allerdings nicht überschritten werden. Zur Entnahme des Löschwassers aus dem Saugschacht müssen – in Abhängigkeit von der Größe – ein bis drei Saugrohre eingebaut sein. Der Saugschacht muss als Revisionsschacht begehbar und für die Nutzung von Saugschläuchen geeignet sein. Die Abdeckung des Saugschachtes muss mit einem Überflurhydrantenschlüssel »A« oder »B« geöffnet werden können. Auch bei unterirdischen Löschwasserbehältern ist die DIN 14090 »Flächen für die Feuerwehr auf Grundstücken« anzuwenden. Als Mindestanforderung muss eine Tragkraftspritze zum Einsatz gebracht werden können. Die Kennzeichnung erfolgt durch ein Hinweisschild gemäß DIN 4066 (siehe Bild 26), auf dem der nutzbare Inhalt des

1 Allgemeines zur Wasserversorgung

Behälters sowie die Abstände zur Entnahmestelle abgelesen werden können.

Bild 25: *Oberirdischer Sauganschluss eines unterirdischen Löschwasserbehälters mit 230 m³ Fassungsvermögen. Rechts ist der Deckel zum Revisionsschacht bzw. zum offenen Saugen mit Saugschläuchen erkennbar. Man beachte den Rammschutz und die Entlüftungseinrichtung.*

1.2.5 Oberirdische Löschwasserbehälter

Oberirdische Löschwasserbehälter sind in Deutschland nicht genormt, könnten aber in Zukunft, ähnlich wie in anderen Europäischen Ländern, als Löschwasservorhaltung in unweg-

1.2 Unabhängige Löschwasserversorgung

samen Gebieten zur Vegetationsbrandbekämpfung eine sinnvolle und kostengünstige Alternative darstellen. Dabei werden z. B. alte Fahrzeugtanks, für den Betrieb nicht mehr zugelassene Gastanks oder Hochbehälter verwendet, die mit feuerwehrüblichen Armaturen nachgerüstet werden und an strategisch günstigen Stellen aufgestellt werden. Durch entsprechende Verkleidungen lassen sich diese im Gelände »tarnen«, um auch dem Anspruch nach Ästhetik gerecht zu werden. Es muss allerdings vor dem Winter das Wasser abgelassen werden, um ein Einfrieren und damit eine Beschädigung des Behälters zu verhindern.

1 Allgemeines zur Wasserversorgung

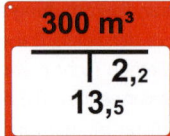
Unterirdischer
Löschwasserbehälter

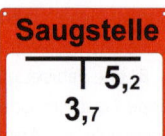
Saugstelle zur
Löschwasserentnahme

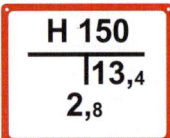
Unterflurhydrant

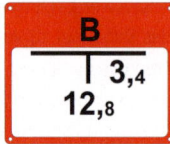
Löschwasserbrunnen
für Saugbetrieb

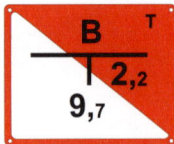
Löschwasserbrunnen
mit Turbinen-
tauchpumpe

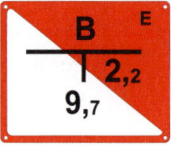
Löschwasserbrunnen
mit Elektro-
tauchpumpe

Bild 26: *Schematische Übersicht wichtiger Hinweisschilder nach DIN 4066*

2 Wassertransport im Pendelverkehr

2.1 Allgemeines zum Pendelverkehr

Der Pendelverkehr mit Tankfahrzeugen kann unter bestimmten Umständen die schnellere oder sogar einzige Möglichkeit sein, Wasser an eine Einsatzstelle zu transportieren. Dies gilt vor allem bei Vegetationsbränden oder beim Transport von Trinkwasser. Beim Pendelverkehr spielen die Verkehrswege, die Geländetopografie, die vorhandenen Transportmittel sowie die Entfernungen eine große Rolle.

2.2 Taktik und Logistik beim Pendelverkehr

Der logistische und organisatorische Aufwand beim Pendelverkehr wird häufig unterschätzt. Aus diesem Grund sollte für den Pendelverkehr grundsätzlich:

- ein eigener Einsatzabschnitt eingerichtet werden,
- dieser über einen eigenen Funkverkehrskreis verfügen,
- ausreichend Kraftstoff für Pumpen und Fahrzeuge vorgehalten werden (mindestens für vier Stunden),
- am Betankungsplatz und am Wasserübergabepunkt jeweils mindestens eine Reservepumpe gleicher Leistung vorhanden sein,

2   Wassertransport im Pendelverkehr

- Reservematerial (Schläuche, Armaturen usw.) vorgehalten werden,
- Lotsen eingesetzt werden (jeweils einer am Betankungs- und am Wasserübergabepunkt sowie z. B. an Weggabelungen im Wald oder an Einmündungen).

Zu beachten ist außerdem:
- die Einrichtung eines Betankungsplatzes,
- die Gestaltung des Wasserübergabepunktes (ausreichend große Rangierflächen, eindeutige Kennzeichnung der Zu- und Abfahrten, Absicherung von Schläuchen und Leitungen, Ausleuchten der Arbeitsbereiche usw.),
- eine eventuelle Ausschilderung der An- und Abfahrtswege.

Wenn ein Transport auf der Straße möglich ist, können Tankfahrzeuge mit großen Löschwassermengen eingesetzt werden. Beim Einsatz im Gelände müssen ausreichend geländefähige oder gar geländegängige Fahrzeuge verfügbar sein. Hier ist mit erheblichen Verzögerungen bei den Fahrzeiten zu rechnen. Um das Unfallrisiko zu verringern, sollte, wenn irgend möglich, nur im Einbahnstraßen- oder Ringverkehr gefahren werden. Das heißt: die Tankfahrzeuge, die zum Pendelverkehr eingesetzt werden, kreuzen nicht ihre Wege oder kommen sich z. B. auf Feldwegen entgegen. Am Wasserübergabepunkt in ein Becken oder einen Behälter sollten die Fahrzeuge nicht rangieren müssen, sonders möglichst seitlich daran vorbeifahren können, um den Vorgang zu beschleunigen und das Unfallrisiko zu verringern. Ein Rückwärtsrangieren an das

Becken benötigt außerdem erheblich mehr Verkehrsraum und kostet zusätzliche Zeit.

2.3 Wassertransport mit Tankfahrzeugen

2.3.1 Löschfahrzeuge der Feuerwehr

In diesem Roten Heft soll nicht auf die Entwicklungsgeschichte oder Normung der Feuerwehrfahrzeuge eingegangen werden. Hier wird auf die entsprechende Fachliteratur verwiesen. Vielmehr sollen die Kriterien aufgezeigt werden, die einen entscheidenden Einfluss auf die Verwendung dieser Fahrzeuge im Pendelverkehr oder als Zubringerfahrzeuge haben. Folgende Kriterien spielen hier eine Rolle:

- Löschwasserbehälterinhalt in Liter,
- Art der Befüllung und Entleerung des Löschwasserbehälters,
- Beweglichkeit des Fahrzeugs sowie
- Art des Antriebs (straßenfähig, geländefähig oder geländegängig).

Die wichtigsten technischen Daten der Löschfahrzeuge der Feuerwehr können dem Downloadmaterial (siehe Hinweis unterhalb des Inhaltsverzeichnisses) entnommen werden. Aufgrund der Trinkwasserverordnung müssen alle neu in den Verkehr gebrachten Feuerwehrfahrzeuge mit Löschwassertank und/oder Feuerlöschpumpen (auch Tragkraftspritzen) nachfolgenden Kriterien entsprechen:

2 Wassertransport im Pendelverkehr

1. Es müssen Systemtrenner bei Anschluss der Löschtechnik der Fahrzeuge an das Trinkwassernetzen mitgeführt und verwendet werden. Die erforderliche Anzahl ist den Normen der jeweiligen Fahrzeugtypen zu entnehmen.
2. Die Tanks müssen über einen freien Auslauf (oder auch freier Einlauf genannt) und Rückschlagventile oder -klappen an den Tankfüllleitungen verfügen. Bei Tanks bis 3000 l muss eine Tankfüllleitung und bei Tanks größer 3000 l müssen zwei (unabhängige) Tankfüllleitungen vorhanden sein.
3. Der freie Einlauf wird wie folgt definiert und ist in DIN 14502 Teil 2 (Normentwurf) aufgenommen:
   - Es muss ein eventueller Rückfluss des Löschwasserbehälterinhaltes über die Tankfüllleitung(en) (intern und extern) des auf ebener Fläche stehenden Fahrzeugs ausgeschlossen sein. Dazu muss die untere Kante des Einlaufes des Wassers über der Höhe des Wasserspiegels bei maximalem Füllstand liegen.
   - Es muss eventueller Rückfluss von Wasser in die Tankfüllleitung(en) während der Fahrt infolge der Wasserbewegung im Tank minimiert werden, z. B. mit Hilfe einer Klappe am Ende des Einlaufs.
   - Jede Tankfüllleitung (intern und extern) muss einen eigenen freien Einlauf haben.

- Das Schließen fremdbetätigter Absperreinrichtungen muss mindestens drei Sekunden betragen.
- Damit keine wesentlichen Druckstöße auftreten, sind die Armaturen und Steuerungseinrichtungen/-einheiten so auszulegen bzw. müssen in solcher Beschaffenheit arbeiten, dass Druckstöße 2 bar nicht überschreiten und 50 % des Eingangsdrucks unterschreiten.

2.3.2 Nicht genormte und zivile Tankfahrzeuge

Bei einigen Feuerwehren werden neben den Norm-(Tank-)Löschfahrzeugen Sonderfahrzeuge auf der Basis von Wechselladerfahrzeugen, Tankanhängern oder Tanksattelzügen vorgehalten, um große Mengen an Löschwasser transportieren zu können. Da es sich hierbei um individuelle Lösungen handelt, ist darauf zu achten, dass eine Kompatibilität zu den genormten Kupplungen und Schläuchen gegeben ist und die Tankfüllleitungen der Trinkwasserverordnung entsprechen (siehe Kapitel 2.3.1)

Sowohl **Wechselladerfahrzeuge** als auch **Tanksattelzüge** benötigen an der Einsatzstelle bzw. am Wasserübergabepunkt große Rangier- und Aufstellflächen. Es ist auch zu beachten, dass es einige Zeit dauert, großvolumige Tanks zu befüllen. Bei einem Tank mit 20 000 Litern Inhalt dauert es beispielsweise mindestens zehn Minuten, bis dieser mithilfe eines LF 20 befüllt ist.

2 Wassertransport im Pendelverkehr

Bild 27: *Dieser Sattelzug wird bei einer Feuerwehr als »Mobiles Gefahrgut-Entsorgungssystem« (MOGES) vorgehalten, kann aber auch als leistungsfähiges Wassertransportfahrzeug – allerdings nur auf Straßen – eingesetzt werden.*

Flughafenlöschfahrzeuge sind schnelle und geländegängige Fahrzeuge mit einem großen Löschwasserbehältervolumen und leistungsstarken Pumpen. Die Tatsache, dass sie in die Alarmpläne der Flughäfen eingebunden sind und deshalb nicht einfach abgezogen werden können, erlaubt in den meisten Fällen allerdings keine Verwendung als Wassertransportfahrzeug. Zudem sind diese Fahrzeuge sehr schwer und haben meist Überbreite, sodass oft keine Straßenzulassung vorhanden ist oder ein Befahren von öffentlichen Straßen nur mit einer Ausnahmegenehmigung erfolgen kann.

Zum schnellen Heranführen großer Löschwassermengen – speziell in schwer zugänglichen Waldgebieten – haben sich

2.3 Wassertransport mit Tankfahrzeugen

Vakuumfässer (umgangssprachlich auch »Güllefässer« genannt) bestens bewährt. Aufgrund der Vakuumtechnik können die Behälter an offenen Gewässern schnell gefüllt und an der Einsatzstelle durch die Drucktechnik schnell entleert werden. Mithilfe von Übergangsstücken können an diese Behälter auch Saugschläuche für Tragkraftspritzen oder Fahrzeugpumpen angeschlossen werden (diese müssen aber im Vorfeld gefertigt und vorgehalten werden). Auf diese Weise kann eine direkte Brandbekämpfung eingeleitet werden (die Tanks müssen dabei aber vorher ausreichend gereinigt werden, um eine Verschmutzung und/oder Beschädigungen an den Feuerlöschkreiselpumpen zu vermeiden). Leistungsstarke Traktoren können mit den Vakuumfassanhängern Einsatzstellen auch abseits von Straßen, direkt über Felder oder unbefestigte Waldwege anfahren. Bei einem Flächenbrand können diese Fahrzeuge zudem zum Befeuchten eines »Wundstreifens« verwendet werden.

Auch **Betonmischer** können behelfsmäßig als Transportfahrzeuge für Löschwasser eingesetzt werden. Sie verfügen über ein Volumen von etwa 10–12 m^3 und die Möglichkeit, das Wasser über die Schüttvorrichtung direkt in einen Behälter zu entleeren.

Kanalreinigungsfahrzeuge oder **Tankfahrzeuge zur Wasseraufbereitung** eignen sich nur bedingt für den behelfsmäßigen Transport von Löschwasser. Die Fahrzeuge sind aufgrund ihrer Größe, Antriebsart (meist Straßenantrieb), sehr teuren Technik sowie der geringen Pumpenleistung für diese Aufgabe nicht zu empfehlen.

Wie schon angesprochen, eignen sich zum Transport von Trinkwasser am besten **Lebensmitteltankfahrzeuge** wie

2 Wassertransport im Pendelverkehr

Bild 28: *Diese imposanten Fahrzeuge wurden in Schweden 2014 beim Waldbrand in Sala als Wasserzubringer eingesetzt.*

Milch- oder Weintransporter, nachdem sie fachgerecht gereinigt wurden. Eine Verwendung von Löschfahrzeugen zum Trinkwassertransport wird nicht mehr empfohlen.

2.3 Wassertransport mit Tankfahrzeugen

2.3.3 Pritschenfahrzeuge mit aufgesetzten Behältern

Pritschenfahrzeuge lassen sich einfach und kostengünstig mit aufgesetzten Tanks, GFK-Fässern, Tankpaletten oder flexiblen Tankblasen zu Wassertransportfahrzeugen umrüsten (Bild 29). Dabei ist unbedingt auf eine ausreichende Sicherung der Behälter bzw. Verzurrung der Tankblasen zu achten.

Bild 29 und 30: *Stabile Tankblase mit Anschlussarmatur und Reinigungsöffnung. Man beachte die verstärkten Ecken zum Verzurren auf einer Pritsche (links). IBC-Behälter oder wechselbarer Tankbehälter auf der Pritsche von Schlauchwagen für den Katastrophenschutz (SW-KatS), Gerätewagen-Logistik (GW-L) oder Versorgungs-LKW (V-LKW) können eine sinnvolle Alternative zu Tankfahrzeugen sein (rechts).*

2 Wassertransport im Pendelverkehr

Es sei ausdrücklich darauf hingewiesen, dass das Fahrverhalten von Pritschenfahrzeugen mit vollen Tankblasen sehr kritisch sein kann, da Tankblasen keine Schwallwände haben und durch ihre flexible Bauweise in Kurven und im Gelände oft eine gewisse Eigendynamik entsteht.

2.3.4 Wasserwerfer der Polizei

Wasserwerfer der Polizei können grundsätzlich auch zum Wassertransport (Volumen des Wasserbehälters zirka 6 000 bis 9 000 Liter) bzw. zur direkten Brandbekämpfung über die Dachwerfer eingesetzt werden. Es ist jedoch zu beachten, dass diese Fahrzeuge aufgrund ihrer Teilpanzerung und speziellen Technik sehr schwer sind und der Einsatz im Gelände (bedingt durch spezielle Karosserieanbauten, schusssichere Reifen usw.) meist nicht möglich ist. Auch die Pumpentechnik unterscheidet sich stark von den Feuerlöschkreiselpumpen. Die Pumpen von Wasserwerfern haben in der Regel geringe Förderleistungen (unter 600 l/min), aber ein wesentlich höheres Druckniveau (zirka 20 bar). Das Befüllen von Ausgleichsbehältern dauert somit relativ lange bzw. ist nicht möglich.

2.4 Wassertransport mit alternativen Techniken

2.4.1 DB-Kesselwagen

Nach den verheerenden Waldbränden im Jahr 1975 in der Lüneburger Heide (Niedersachsen) wurde ein Konzept zur Verwendung von Kesselwagen der Bundesbahn in Verbindung mit einem Löschfahrzeug auf einem Plattformwaggon zum effizienten Löschwassertransport in abgelegene Gebiete, in denen keine Straßen oder ausreichend befestigte Wege, aber Gleisanlagen vorhanden sind, entwickelt und auf der INTERSCHUTZ 1980 vorgestellt. Diese Technik ist auch nur mit einer Tragkraftspritze denkbar. Die mögliche Füllmenge eines Kesselwagens beträgt etwa 50 bis 80 m^3, die erforderlichen Füllzeiten richten sich nach den vorhandenen Hydranten bzw. Tankfahrzeugen. Eine entsprechende zeitliche Verzögerung muss bei diesem System deshalb hingenommen werden.

2.4.2 Hubschrauber-Außenlastbehälter

Der Wassertransport durch Hubschrauber mit Außenlastbehältern (Volumen 400 bis 5 000 Liter) ist dann sinnvoll, wenn Fahrzeuge die Brandstelle nicht erreichen können (z. B. im Hochgebirge). Damit Hubschraubereinsätze sicher durchgeführt werden können, ist eine exakte Koordination der eingesetzten Kräfte und insbesondere eine Einweisung der Piloten erforderlich. Deshalb sollten ausreichend viele Feuerwehrangehörige als Flughelfer ausgebildet sein.

2 Wassertransport im Pendelverkehr

An offene Faltbehälter werden besondere Anforderungen gestellt: Sie müssen ausreichend stabil sein, um das Wasser aufnehmen zu können, das über die Außenlastbehälter abgegeben wird (Bild 31 und 32).

Bild 31: *Es sind verschiedene Behälter dargestellt. Rechts ein Behälter zur Wasseraufnahme mittels Außenlastbehälter. Mittig (auf dem Plakat) ein stabiler Großbehälter der allerdings einen geraden und festen Untergrund benötigt, dann aber geeignet ist zum Befüllen auch durch große Außenlastbehälter. Links ein konischer, selbstaufrichtender Behälter aus dem mittels Tragkraftspritze Wasser entnommen wird und im Vordergrund ein geschlossener Faltbehälter z. B. zur vorübergehenden Trinkwasserlagerung.*

2.4 Wassertransport mit alternativen Techniken

Deshalb sollten ausschließlich zugelassene Behälter verwendet werden. Nicht jeder Behälter (z. B. Auffangbehälter mit Gestänge aus dem GW-Gefahrgut) eignet sich für diese Aufgabe.

Bild 32: *Hubschrauber mit Außenlastbehälter sind nicht nur zur direkten Brandbekämpfung aus der Luft, sondern auch zum schnellen Befüllen von offenen Faltbehältern geeignet. (Foto: H. W. Kögler)*

2 Wassertransport im Pendelverkehr

2.5 Pendelverkehr mit direkter Wasserübergabe

Bei überschaubaren Lagen, wie Nachlöscharbeiten oder einer sehr begrenzten Brandausbreitung (z. B. Pkw-Brand), kann ein Lösch- oder Tanklöschfahrzeug durch ein anderes Lösch- oder Tankfahrzeug im Pendelverkehr direkt befüllt werden. Dabei sollte in die Verbindungsleitung zum Löschwasserbehälter des stehenden Fahrzeuges ein Verteiler bzw. ein Absperrorgan eingesetzt werden. Außerdem ist darauf zu achten, dass die Verbindungsleitung möglichst kurz ist, um den Verlust durch das in der Leitung enthaltene Wasser zu minimieren.

Merke:
Beim Pendelverkehr mit direkter Wasserübergabe ist auf den maximalen Eingangsdruck und das Füllvolumen des zu befüllenden Löschwasserbehälters zu achten, um Beschädigungen zu vermeiden.

2.6 Pendelverkehr über Auffangbecken

2.6.1 Allgemeine Grundsätze

Ein Pendelverkehr sollte dann eingerichtet werden, wenn eine Wasserversorgung aus einem Leitungsnetz nicht oder nur in großer Entfernung zur Verfügung steht und der Aufbau einer Wasserförderung über lange Wegstrecken mittels Schlauchleitung nicht schnell genug oder gar nicht realisiert werden kann.

2.6 Pendelverkehr über Auffangbecken

Beim Pendelverkehr sind folgende Grundsätze zu beachten:

- Es ist effektiver mit wenigen Fahrzeugen mit großem Tank zu pendeln als mit vielen Fahrzeugen mit kleinem Tank.
- Der Anfahrtsweg zum Übergabepunkt sollte vom Rückweg getrennt sein (»Einbahnstraßenregelung«), um Begegnungsverkehr – speziell auf engen Straßen und Wegen – zu vermeiden.
- Am Übergabepunkt sollte eine ausreichend große Aufstellfläche für die wasserabgebenden Fahrzeuge vorhanden sein.
- An der Wasserentnahmestelle und am Übergabepunkt müssen ausreichend große Wartezonen für die pendelnden Fahrzeuge vorgesehen werden.
- Die Pendelfahrzeuge sollten am Übergabepunkt nicht rangieren müssen. Es sollte ein seitliches Anfahren des offenen Behälters möglich sein – Rückwärtsrangieren birgt oft große Gefahren.
- Die An- und Abfahrt der Tankfahrzeuge sollte durch einen deutlich gekennzeichneten Lotsen organisiert werden.
- Die Wasserübergabe sollte in ein offenes Becken (z. B. offener Faltbehälter, AB-Mulde mit eingelegter Folie oder einer großen Plane in einer Senke) erfolgen, damit mehrere Pumpen bzw. Löschfahrzeuge gleichzeitig und kontinuierlich Wasser abnehmen können (Bild 33 und Bild 34).
- Der offene Behälter am Übergabepunkt muss ausreichend groß bemessen sein. Es sollte eine Lösch-

2 Wassertransport im Pendelverkehr

wasserreserve für mindestens zehn Minuten vorhanden sein, z. B. für den Fall eines Fahrzeugausfalls.
- Es sollten vorbereitete Karten (insbesondere im Forst) vorhanden sein, die mit entsprechenden Hinweisen und Kennzeichnung für die Aufstellung der Behälter, Wendeschleifen, Wasserentnahmestellen und Fahrwege usw. versehen sind.

Bild 33 und 34: *Mulden mit eingelegter Plane sind ideale Behälter zur Übergabe des Löschwassers von einem pendelnden Tankfahrzeug zu einer Pumpe bzw. einem Löschfahrzeug. (Foto: W. Müller) (links). Klappbare Behälter (aus USA) können auch in Deutschland verwendet werden. (Foto: Feuerwehr Ratingen) (rechts).*

2.6.2 Einfacher Pendelverkehr

Es werden zwei Varianten des Pendelverkehrs über Auffangbecken unterschieden. Beim einfachen Pendelverkehr pendeln mehrere Tankfahrzeuge (mindestens zwei) zwischen der Wasserentnahmestelle und dem Übergabepunkt und geben Wasser in einen offenen Behälter ab, während ein Löschfahrzeug bzw. eine Pumpe (es können auch mehrere parallel eingesetzt werden) das Wasser aus diesem Behälter saugt und direkt an die Strahlrohre abgibt (Bild 35).

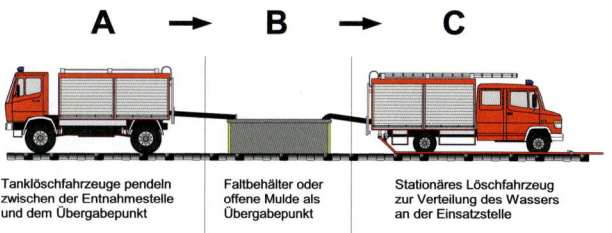

Bild 35: *Prinzip des einfachen Pendelverkehrs über Auffangbecken*

2.6.3 Doppelter Pendelverkehr

Beim doppelten Pendelverkehr füllt das Löschfahrzeug bzw. die Pumpe am Übergabepunkt kleinere Tankfahrzeuge, die das Wasser gezielt an verteilten Einsatzstellen abgeben (Bild 36). Eine typische Anwendung dieser Variante ist die Vegetationsbrandbekämpfung in ausgedehnten oder schwer zugänglichen Gebieten. Der technische und organisatorische Aufwand ist beim doppelten Pendelverkehr allerdings deutlich größer als beim einfachen Pendelverkehr.

Die Übergabe des Wassers von Tankfahrzeugen in einen offenen Behälter kann über die Feuerlöschkreiselpumpe bei Feuerwehrfahrzeugen, die Druckeinrichtung eines Vakuumfasses oder über spezielle Auslaufgarnituren am Tank (in den USA als »Dump Valve« bezeichnet, siehe Bild 37) erfolgen.

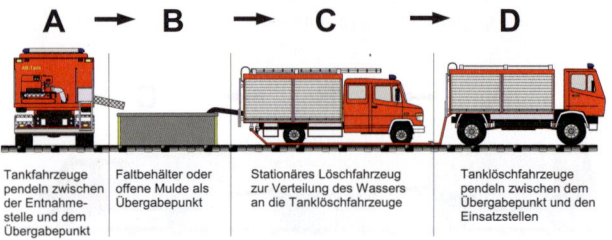

Tankfahrzeuge pendeln zwischen der Entnahmestelle und dem Übergabepunkt

Faltbehälter oder offene Mulde als Übergabepunkt

Stationäres Löschfahrzeug zur Verteilung des Wassers an die Tanklöschfahrzeuge

Tanklöschfahrzeuge pendeln zwischen dem Übergabepunkt und den Einsatzstellen

Bild 36: *Prinzip des doppelten Pendelverkehrs über Auffangbecken*

Merke:

Bei der Wasserübergabe in einen offenen Behälter ist auf die Absicherung des Einlaufs (z. B. durch Verwendung von fixierten Einlaufrohren oder Stützkrümmern) zu achten, um Unfälle und Beschädigungen zu vermeiden.

2.6 Pendelverkehr über Auffangbecken

Bild 37: *»Dump Valve« (teleskopierbare Rohre am Heck und seitlich) zum schnellen Entleeren eines Tanks an einem amerikanischen Tanklöschfahrzeug*

2 Wassertransport im Pendelverkehr

2.6.4 Beispiel zur Auslegung eines Pendelverkehrs

> Als Beispiel wird ein Vegetationsbrand angenommen.
> Randbedingungen:
> - Brandbekämpfung mit fünf C-Rohren mit jeweils 100 l/min,
> - Entfernung der Wasserentnahmestelle (Bach) zwei Kilometer,
> - Wassertransport durch mehrere TLF mit jeweils 3 000 Litern Löschwasserbehältervolumen,
> - Wasserübergabe in einen 5 000 Liter fassenden Faltbehälter,
> - Fahrgeschwindigkeit der Fahrzeuge durchschnittlich 20 km/h,
> - an der Wasserentnahmestelle sowie am Faltbehälter steht jeweils eine Tragkraftspritze PFPN 10-1000 zur Verfügung.
>
> Frage: Wie viele TLF werden für den Pendelverkehr benötigt, um eine kontinuierliche Brandbekämpfung durchführen zu können?

Geht man von einem nutzbaren Löschwasserbehältervolumen der TLF von 3 000 Litern und einer tatsächlichen Fülleistung durch die Tragkraftspritze von 1 000 l/min aus, werden drei Minuten zum Füllen eines Löschwasserbehälters benötigt. Achtung: zulässigen Füllvolumenstrom bzw. Eingangsdruck des Löschwasserbehälters beachten!

Für die Fahrstrecke von zwei Kilometern benötigt ein TLF sechs Minuten (20 km in 60 min = 1 km in 3 min → 2 km in 6 min). Zum Entleeren des Löschwasserbehälters müssen zwei

2.6 Pendelverkehr über Auffangbecken

Minuten, zum Rangieren, An- und Abkuppeln der Schläuche eine weitere Minute angesetzt werden.

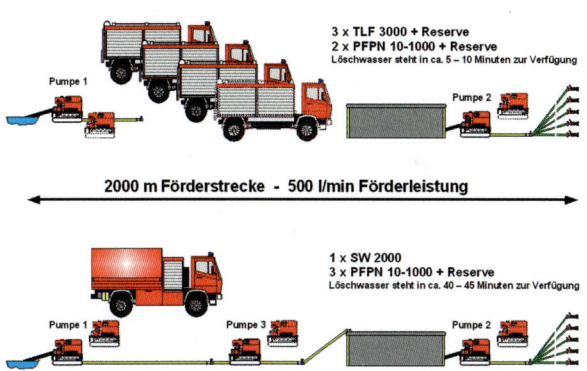

Bild 38: *Beispiel Vegetationsbrand*

Somit ergibt sich folgender Zyklus für einen Transport:

Befüllen	3	Minuten
Anfahrt	6,0	Minuten
Entleeren	2,0	Minuten
Rangieren und Kuppeln	1,0	Minute
Rückfahrt	6,0	Minuten
= Gesamtzeit	18	Minuten

2 Wassertransport im Pendelverkehr

In dieser Zeit werden 3 000 Liter Wasser herbeigeschafft. Dies entspricht einer Förderleistung von 3 000 l/18 Minuten = zirka 167 l/min

Benötigt werden aber mindestens 500 l/min → 500/167 = 2,99. Aufgerundet werden also mindestens drei TLF (z. B. TLF 3 000 oder gleichwertige Fahrzeuge) benötigt.

Um nun keine Unterbrechung während der Brandbekämpfung zu erhalten, muss zur Sicherheit sowohl an der Einsatzstelle wie an der Wasserentnahmestelle zusätzlich eine Pumpe stehen und mindestens ein weiteres TLF als Reserve vorgehalten werden. Somit werden bei diesem Einsatz mindestens vier Tragkraftspritzen (PFPN 10-1000) und vier TLF benötigt.

> **Merke:**
> Um eine kontinuierliche Brandbekämpfung sicherstellen zu können, sollte sowohl am Übergabepunkt als auch an der Wasserentnahmestelle eine Reservepumpe und zusätzlich mindestens ein TLF als Reserve vorgehalten werden.

Zum Vergleich soll im Folgenden die Wasserversorgung über eine Schlauchleitung (offene Pumpenschaltreihe, siehe auch Bild 39) betrachtet werden.

Es werden die gleichen Randbedingungen wie im obigen Beispiel angenommen, allerdings verlegt nun ein Schlauchwagen (SW) mit einer Geschwindigkeit von 6 km/h (Schrittgeschwindigkeit) eine B-Leitung von der Wasserentnahme- zur Übergabestelle. Die Fahrstrecke von zwei Kilometern Länge kann also in 20 Minuten bewältigt werden (6 km in 60 min = 1 km in 10 min → 2 km in 20 min). Das Gelände hat keine Steigung. Es ist keine Schlauch- oder Verkehrsabsicherung

2.6 Pendelverkehr über Auffangbecken

erforderlich. Durch die Reibungsverluste (bei 500 l/min etwa 0,5 bar pro 100 m) müssen unter der Voraussetzung, dass die Verstärkerpumpe (PFPN 10-1000) noch einen Eingangsdruck von 1,5 bar hat, nach rechnerisch spätestens 1 300 m (10 bar Ausgangsdruck der Saugstellenpumpe − 1,5 bar Eingangsdruck = 8,5 bar Druckunterschied/0,5 bar Reibungsverlust pro 100 m = 1 700 m) eine Pumpe eingebaut werden (praktisch wird dies wohl in der Hälfte der Strecke erfolgen).

Es werden also mindestens zwei Pumpen erforderlich. In der Praxis wird vermutlich eine Saugstellen-, Verstärker- und Einsatzstellenpumpe zur Wasserförderung verwendet sowie eine Reservepumpe = vier Pumpen.

Offene (Pumpen-)Schaltreihe

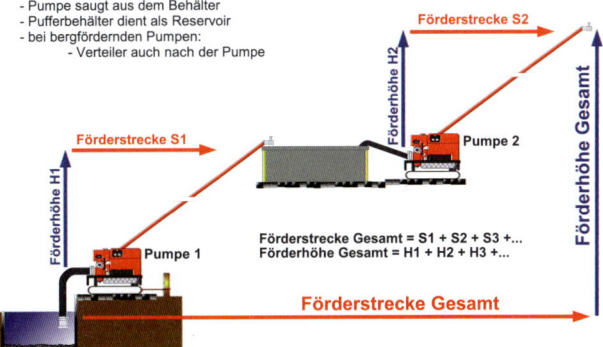

Bild 39: *Schematische Darstellung der Wasserförderung über lange Schlauchstrecke mittels Schlauchwagen und Tragkraftspritzen.*

2 Wassertransport im Pendelverkehr

Wenn man nun davon ausgeht, dass die Saugstellenpumpe und die Verstärkerpumpe gleichzeitig aufgebaut werden, während der SW die Leitung verlegt, um keine Zeit zu verlieren, bleibt die reine Fahrzeit von 20 Minuten.

Nun muss nach Ankuppeln und Prüfen der Leitung, diese durch die Saugstellenpumpe gefüllt werden, bis das erste Wasser an der Einsatzstelle zur eigentlichen Brandbekämpfung ankommt. Ein B-Druckschlauch mit 20 m Länge fasst etwa 88 Liter. Bei der angenommenen Schlauchlänge von 2 000 m sind 100 Schläuche zu füllen → 100 × 88 l = 8 800 l. Bei einer Pumpenleistung von 500 l/min wird eine Zeit von 17,6 Minuten (8 800 l/500 l/min = 17,6 Minuten) benötigt.

Man könnte nun den Volumenstrom erhöhen, um diesen Füllvorgang zu beschleunigen. Bei 1 000 l/min würde man diese Zeit halbieren. Müsste aber auch Reibungsverluste von ca. 1,7 bar pro 100 m hinnehmen. Bei 8,5 bar/1,7 bar = 5 × 100 m müsste demnach alle 500 m eine Verstärkerpumpe eingesetzt werden. Der Aufwand ist also deutlich größer und erfahrungsgemäß dauert es umso länger mit der Aufnahme der Wasserförderung, je mehr Pumpen verwendet werden. Das heißt: In diesem Fall vergehen (20 Minuten Fahrzeit plus 17,6 Minuten Füllzeit =) mindestens 38 Minuten.

In so einem Fall kann ein Pendelverkehr durchaus eine sinnvolle Alternative sein. Insbesondere dann, wenn abschätzbar ist, dass mit einer begrenzten Menge an Löschwasser der Brand bekämpft werden kann. Hinweis: Das Aufstellen eines Behälters dauert (je nach Typ zwei bis fünf Minuten und das Befüllen ebenfalls nochmals zwei bis drei Minuten somit steht in fünf bis zehn Minuten das Löschwasser für die ersten ca. fünf

2.6 Pendelverkehr über Auffangbecken

bis sechs Minuten Löschdauer zur Verfügung bis der Pendelverkehr komplett eingerichtet ist)

Alternative Überlegung:

Wenn nur eine Verstärkerpumpe in der Mitte der Leitung (also nach 1 000 Metern) eingesetzt wird, könnte pro 100 Meter ein Reibungsverlust von 0,85 bar auftreten (1 000 m/100 m = Faktor 10 → 8,5 bar/10 = 0,85 bar Reibungsverlust pro 100 Meter). Dies entspricht einem Volumenstrom von etwa 660 l/min. Somit dauert es rund 13,3 Minuten, bis die Leitung gefüllt ist (8 800 l/660 l/min = 13,3 min).

Insgesamt dauert der Aufbau der Wasserförderung in diesem Beispiel – je nach Auslegung – etwa 30 bis 40 Minuten (20 Minuten Fahrzeit zuzüglich Füllzeit der Schlauchleitung). In der Realität ist aufgrund von Verzögerungen (Hindernisse, defekte oder nicht ordnungsgemäß gekuppelte Schläuche, Verzögerung in der Befehlsübermittlung, notwendige Absicherungsmaßnahmen usw.) davon auszugehen, dass diese Zeit um einige Minuten überschritten wird.

In so einem Fall kann ein Pendelverkehr durchaus eine sinnvolle Alternative sein. Insbesondere wenn abschätzbar ist, dass der Brand mit einer begrenzten Menge an Löschwasser bekämpft werden kann.

> **Merke:**
>
> Als »Faustwert« kann bei einer Wasserförderung über eine Schlauchstrecke von 1 000 Metern eine Zeit von etwa 30 bis 35 Minuten und bei einer Schlauchstrecke von 2 000 Metern eine Zeit von etwa 40 bis 45 Minuten angenommen werden, bis die Wasserversorgung aufgebaut ist.

2 Wassertransport im Pendelverkehr

2.7 Pendelverkehr als Alternative zu Hydranten

In Ländern mit dünn besiedelten Gebieten, z. B. Schweden und Finnland, gibt es Bestrebungen, für die Wasserversorgung in kleineren Wohngebieten aus Kostengründen nur noch Leitungen mit kleinen Querschnitten zu verwenden. Hydranten werden lediglich in einem Abstand von etwa 1000 Metern auf Zubringerleitungen mit größeren Querschnitten gesetzt. Aufgrund der kleinen Leitungsquerschnitte und der damit geringen Durchflussmenge ist die zur Verfügung stehende Wassermenge für die Brandbekämpfung nicht mehr ausreichend.

Das alternative System der Löschwasserversorgung sieht vor, dass neben einem TLF mit 2500 bis 3000 Litern Löschwasserbehälterinhalt zusätzlich ein Zubringer-TLF (Tankwagen) mit etwa 7000 bis 10000 Litern Löschwasser ausrückt. Da auf diese Weise sichergestellt ist, dass im ersten Abmarsch in der Regel mindestens 10000 Liter Wasser verfügbar sind, kann davon ausgegangen werden, dass bei einem durchschnittlichen Brandereignis mit einem Löschwasserbedarf von 600 l/min für etwa 15 bis 20 Minuten Löschwasser vorhanden ist. Bei einem größeren Brandereignis wird das Tank (lösch)fahrzeug – eventuell zusammen mit nachrückenden Tankfahrzeugen – im Pendelverkehr eingesetzt. Da die Fahrstrecke zwischen den Hydranten der Zubringerleitung und der Brandstelle bei diesem System meist nur einige hundert Meter beträgt und die Tankfahrzeuge über ein großes Tankvolumen

2.7 Pendelverkehr als Alternative zu Hydranten

verfügen, kann im Pendelverkehr in relativ kurzer Zeit eine größere Löschwassermenge befördert werden.

Im Bild 41 wird die Wasserversorgung über ein konventionelles Hydrantennetz dem alternativen Pendelverkehrsystem gegenübergestellt.

Bild 40: *Beispiel eines Abrollbehälters – Tank auf einem Wechselladerfahrzeug (WLF) nach DIN 14505.*

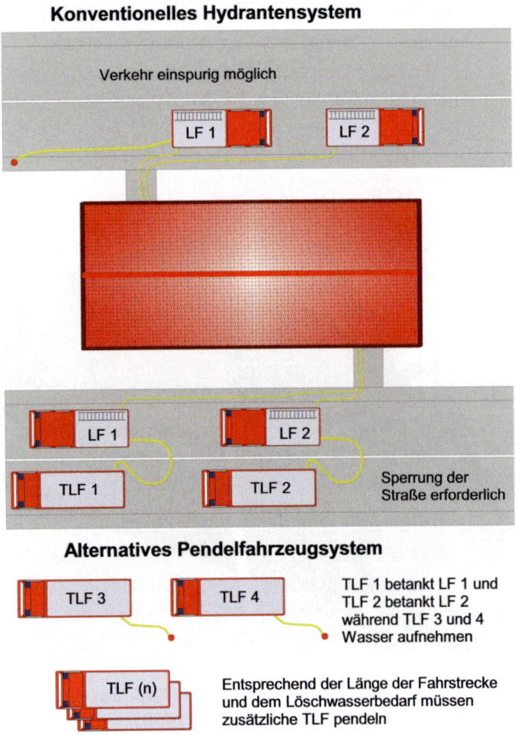

2 Wassertransport im Pendelverkehr

Konventionelles Hydrantensystem

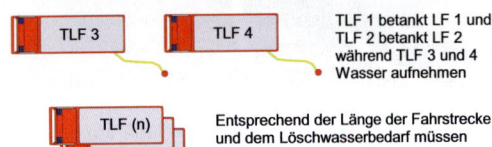

Alternatives Pendelfahrzeugsystem

TLF 1 betankt LF 1 und
TLF 2 betankt LF 2
während TLF 3 und 4
Wasser aufnehmen

Entsprechend der Länge der Fahrstrecke
und dem Löschwasserbedarf müssen
zusätzliche TLF pendeln

Bild 41: *Gegenüberstellung der Wasserversorgung durch ein konventionelles Hydrantensystem und ein alternatives Pendelfahrzeugsystem. Man beachte den Platzbedarf an der Einsatzstelle.*

2.8 Grenzen des Pendelverkehrs

Wie in Kapitel 2.6.4 dargestellt, bietet die Löschwasserversorgung durch einen Pendelverkehr bei kleinen Volumenströmen durchaus Vorteile gegenüber der Wasserförderung mittels einer Schlauchleitung. Wo liegt nun die Grenze, bis zu der ein Pendelverkehr sinnvoll sein kann? Dies soll im Folgenden anhand einer Beispielrechnung ermittelt werden, wobei zunächst die Wasserversorgung über eine Schlauchleitung betrachtet wird.

> **Beispiel:**
> Wir nehmen an, es brennt ein Handwerks- oder Industriebetrieb am Ortsrand. Der nächstgelegene Hydrant in einer Entfernung von ca. 900 m liefert maximal 800 l/min. Zur direkten Brandbekämpfung werden allerdings 2 000 l/min benötigt, es müssen also noch mindestens 1 200 l/min herangeschafft werden.

Der Einsatzleiter gibt den Befehl, von einem Teich in 900 Metern Entfernung mit einem LF 20 und einem Schlauchwagen zwei B-Leitungen zur Wasserversorgung zum LF 20 an der Einsatzstelle aufzubauen. Während das eine LF 20 an der Einsatzstelle die Brandbekämpfung vorbereitet, fährt das zweite LF 20 zur Wasserentnahmestelle und bereitet die Wasserförderung vor, während der Schlauchwagen die beiden B-Leitungen von der Wasserentnahmestelle zur Brandstelle verlegt.

2 Wassertransport im Pendelverkehr

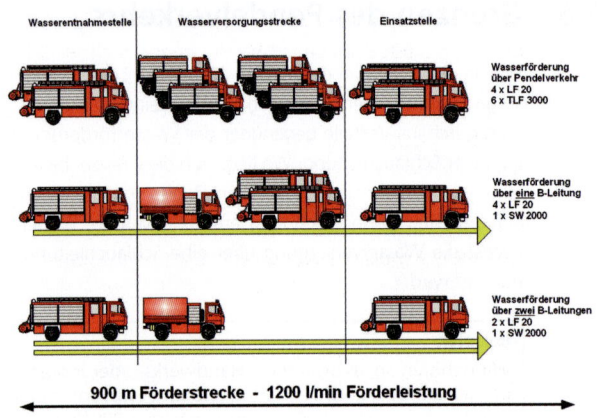

Bild 42: *Beispiel Industriebrand*

Die 900 Meter lange Strecke bewältigt der Schlauchwagen in neun Minuten (6 km in 60 min = 1 km in 10 min = 100 m in 1 min → 900 m in 9 min). Das Füllen der beiden Leitungen dauert nochmals ca. 7 Minuten (2 x 900 m = 1 800 m Leitungslänge = 90 B-Schläuche; Füllmenge: 90 x 88 l = 7 920 l; Fülldauer: 7 920 l/1200 l/min Fördermenge der Fahrzeugpumpe = 6,6 = ca. 7 min). Somit ist die Wasserversorgung (Kuppelvorgänge der Schläuche, Ansaugen der Pumpe usw. nicht berücksichtigt) rein rechnerisch nach etwa 16 bis 20 Minuten aufgebaut.

Wegen des Reibungsverlustes (die Fördermenge der Saugstellenpumpe wird auf zwei B-Leitungen aufgeteilt (das heißt,

2.8 Grenzen des Pendelverkehrs

die Pumpe muss gar nicht voll ausgenutzt werden) und fördert pro Leitung 600 l/min bei 10 bar Ausgangsdruck → 0,7 bar Reibungsverlust pro 100 Meter) könnte bei diesem Beispiel ca. 1 200 m überbrückt werden und es müsste keine Verstärkerpumpe eingebaut werden (8,5 bar Druckdifferenz/0,7 bar Reibungsverlust pro 100 Meter → ca. 1 200 Meter). Es muss also bei der geforderten Förderstrecke keine weitere Verstärkerpumpe bis zum Einsatzstellen-LF eingesetzt werden. Somit werden im Beispiel zur Wasserversorgung und Brandbekämpfung insgesamt zwei LF 20 sowie ein SW 2000 benötigt.

Alternative Überlegung:
Natürlich könnten 1 200 l/min auch durch eine B-Leitung gefördert werden. Dann beträgt der Reibungsverlust allerdings 2,4 bar pro 100 Meter und die Länge der möglichen Förderstrecke einer Pumpe reduziert sich entsprechend. Es muss spätestens nach rund 350 Metern eine Verstärkerpumpe eingebaut werden und nach 700 Metern wird eine weitere (Fahrzeug-)Pumpe notwendig. In einem Einsatz wird die Strecke vermutlich in drei Teilstecken aufgeteilt und bereits nach jeweils ca. 300 m eine Verstärkerpumpe platziert, um die Pumpen nicht unbedingt in einem hohen Druckniveau betreiben zu müssen. Für diese Variante werden somit alleine drei LF 20 und ein SW 2000 nur zur Wasserförderung zur Versorgung des LF 20 an der Einsatzstelle benötigt.

Ein weiterer erheblicher Nachteil ist dabei, dass bei einem Defekt der Leitung die Wasserförderung komplett unterbrochen wird und mehrere Maschinisten darauf reagieren müssen. Zudem sollte ein hohes Druckniveau über einen längeren Zeitraum aufgrund der hohen thermischen Belastung der

2 Wassertransport im Pendelverkehr

Pumpen vermieden werden. Vorausgesetzt das Einsatzstellen-LF muss mindestens 1,5 bar Eingangsdruck haben ist im ersten Beispiel bei 900 m/0,7 bar/100 m Reibungsverlust (9 x 0,7 bar) 6,3 bar Ausgangsdruck an der Pumpe des LF 20 an der Wasserentnahmestelle erforderlich.

Im zweiten Bespiel wären dies 7,2 bar bis zur nächsten Verstärker- bzw. Einsatzstellenpumpe (3 x 2,4 bar). Die Entscheidung des Einsatzleiters, zwei B-Leitungen verlegen zu lassen, war also richtig. Auf diese Weise könnten an der Einsatzstelle sogar zwei LF direkt versorgt werden und bei Ausfall einer Leitung kann zumindest über die zweite Leitung weiter Wasser gefördert werden.

Hinweis: Dieses Beispiel zeigt auch, dass Sammelstücke mit drei B-Eingängen durchaus sinnvoll sein können, um eine Leitung von einem Hydranten und zwei weitere Versorgungsleitungen an einem LF zu betreiben, selbst bei geringeren Volumenströmen. Dieses Beispiel zeigt auch, wie wichtig dann auch eine Trennung zwischen den verschiedenen Wasserqualitäten (Trinkwasser aus dem Hydranten und Grauwasser aus dem Teich) ist, um eine Verschmutzung (Kontamination) des Trinkwassers zu verhindern.

Wie sieht die Bilanz nun aus, wenn sich der Einsatzleiter zu einem Pendelverkehr entschlossen hätte?

Annahme: Zwei LF 20 werden an der Einsatzstelle, zwei weitere LF 20 an der Wasserentnahmestelle und mehrere TLF 16/24-Tr oder TLF 3000 als Pendelfahrzeuge eingesetzt. Die Löschwasserbehälter der Einsatzstellen-LF haben ein Fassungsvermögen von jeweils 2 000 Litern (nach DIN 14530–11 sind sogar deutlich mehr zulässig) und werden als Puffer verwendet. Zur Brandbekämpfung benötigt jedes der beiden Fahr-

2.8 Grenzen des Pendelverkehrs

zeuge 1 000 l/min. Sie werden aber über den Hydranten versorgt, der 800 l/min/2 = 400 l/min für jedes LF 20 zur Verfügung stellt. Es müssen also 600 l/min pro LF 20 über den Pendelverkehr sichergestellt werden. Daraus folgt: 2 000 l Inhalt des Löschwasserbehälters/600 l/min = Löschwasservorrat für ca. 3,3 Minuten. Bis zum nächsten Füllvorgang bleiben also ca. 3 Minuten Zeit.

Ein TLF 16/24-Tr oder TLF 3000 benötigt für die Strecke von 900 Metern bei einer durchschnittlichen Geschwindigkeit von 30 km/h (30 km in 60 Minuten = 1 km in 2 min = 100 m in 0,2 min) ca. 1,8 Minuten. Nun sind noch die Füllzeiten (ca. 3 min bei 1000 l/min) zu berücksichtigen, die mit An- und Abkuppeln (nochmals ca. 1 min) der Schläuche mindestens vier bis fünf Minuten in Anspruch nehmen. Das Fahrzeug muss dann wieder zurückfahren (ca. 1,8 min). Für diesen Vorgang müssen pro Fahrzeug (1,8 min + 4 min + 1,8 min = 7,6) ca. 8 Minuten angesetzt werden.

Um nun alle 3 Minuten eine Befüllung vornehmen zu können, müssen pro Einsatzstellen-LF also drei TLF 3000 eingesetzt werden. 8 min/3 min = 2,7 → 3

Das heißt, ein Fahrzeug wird befüllt, während eines auf der Strecke ist und eines seinen Löschwasserbehälterinhalt abgibt. Somit sind also – ohne Berücksichtigung des Hydranten – pro LF 20 an der Einsatzstelle mindestens drei TLF 16/24-Tr oder TLF 3000 im Pendelverkehr sowie ein LF 20 an der Wasserentnahmestelle erforderlich. Insgesamt werden für den Pendelverkehr in diesem Beispiel also mindestens sechs TLF 16/24-Tr oder TLF 3000 und vier LF 20 (jeweils ohne Reserve-Fahrzeuge oder-Pumpen) benötigt.

2 Wassertransport im Pendelverkehr

Hinweis:

In der Praxis sind oft nicht ausreichend viele Fahrzeuge eines Typs mit gleich großem Löschwasserbehälter vorhanden. Somit ergeben sich keine zyklischen Tank- und Fahrzeiten, was erfahrungsgemäß zu Schwierigkeiten bei der Durchführung des Pendelverkehrs führt. Die Verwendung von Fahrzeugen mit kleinem Löschwasserbehältervolumen erfordert eine größere Anzahl an Fahrzeugen, daher sollten Fahrzeuge mit großem Löschwasserbehältervolumen bevorzugt werden.

Bereits bei den idealisierten Verhältnissen im Beispiel ist deutlich zu erkennen, wie schnell man bei größeren Löschwassermengen an die Grenzen eines Pendelverkehrs stößt. Zu berücksichtigen ist auch, dass mit der Zeit die Konzentration der Fahrer nachlässt, bei vielen Fahrzeugbewegungen die Unfallgefahr steigt, Defekte auftreten können und die Fahrzeuge nachgetankt werden müssen.

Merke:

Als »Grenzwert« für die sinnvolle Durchführung eines Pendelverkehrs hat sich in der Praxis eine Löschwassermenge von 1 000 l/min herausgestellt.

3 Wassertransport über Schlauchleitungen

3.1 Grundbegriffe

Die Löschwasserversorgung einer Brandstelle über Schlauchleitungen ist – von wenigen Ausnahmen abgesehen (siehe Kapitel 2) – dem Pendelverkehr vorzuziehen. Im Folgenden werden wichtige Begriffe der Löschwasserförderung über Schlauchleitungen erläutert, das Bild 43 zeigt die Einteilung einer Wasserförderstrecke in Abschnitte.

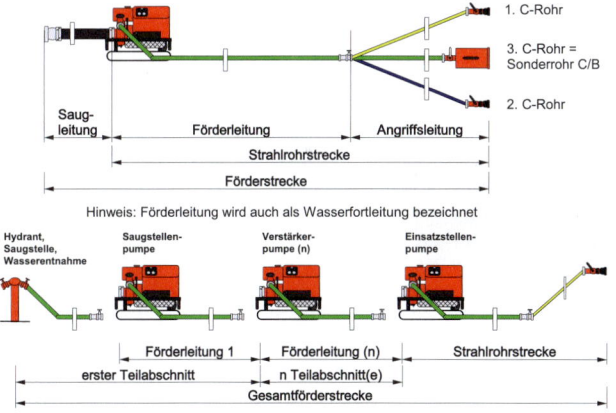

Bild 43: *Einteilung der Wasserförderstrecke in Abschnitte*

3 Wassertransport über Schlauchleitungen

3.1.1 Offene Schaltreihe

Bei der offenen (Pumpen-)Schaltreihe wird das Löschwasser von jeder Verstärkerpumpe über eine Schlauchleitung in einen Behälter (z. B. Mulde, Faltbehälter, Löschwasserbehälter eines Löschfahrzeugs) gefördert. Von der nachfolgenden Verstärkerpumpe wird es aus diesem Behälter angesaugt und zum nächsten Behälter gepumpt. Dieser Vorgang wird so oft wiederholt, bis die Brandstelle erreicht ist (Bild 44).

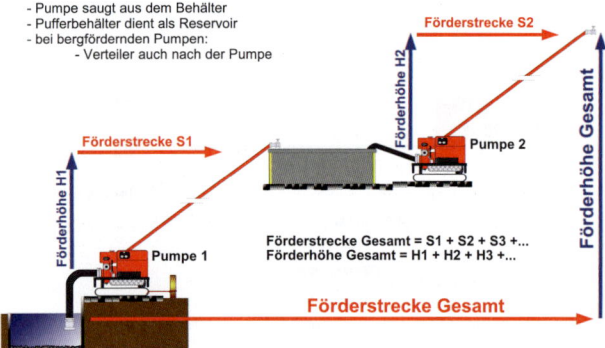

Bild 44: *Schematische Darstellung der offenen (Pumpen-)Schaltreihe zur Löschwasserförderung über lange Wegstrecken*

Ein Vorteil dieser Methode ist, dass kein Mindesteingangsdruck an den nachfolgenden Verstärkerpumpen beachtet werden muss und somit die gesamte Druckenergie für das

3.1 Grundbegriffe

Überwinden der Reibungswiderstände aufgebraucht werden kann. Vor jeder Pumpe erfolgt zudem eine Pufferung. Auf diese Weise werden Druckstöße – ausgelöst durch schnelles Betätigen von Ventilen – automatisch gedämpft.

Die Löschwasserförderung mithilfe einer offenen Schaltreihe bietet also hydraulische Vorteile und bei sehr langen Wegstrecken werden weniger Verstärkerpumpen benötigt. Durch die Verwendung von Behältern und Saugschläuchen ist der Aufbau allerdings deutlich aufwändiger und zeitintensiver als bei der geschlossenen Schaltreihe.

3.1.2 Geschlossene Schaltreihe

Bei der geschlossenen (Pumpen-)Schaltreihe besteht eine geschlossene Verbindung zwischen allen Pumpen von der Wasserentnahme- bis zur Brandstelle. Dabei ist zu beachten, dass die Pumpen einen Eingangsdruck von mindestens 1,5 bar benötigen. Die maximale Leitungslänge zwischen den einzelnen Verstärkerpumpen reduziert sich im Vergleich zur offenen Schaltreihe deshalb deutlich, denn der zur Verfügung stehende Druck für die Überwindung des Reibungswiderstandes wird um 1,5 bar verringert (siehe auch Kapitel 2.6.4).

Damit defekte Schläuche oder Pumpen möglichst schnell ausgetauscht werden können, sollte eine Schlauchlänge vor jeder Verstärkerpumpe ein Druckbegrenzungsventil und ein Verteiler (optimal: 2B-CBC-Verteiler) sowie an der Pumpe ein Sammelstück angeschlossen sein. Bei bergwärts fördernden Pumpen sollte zusätzlich eine Schlauchlänge nach der Pumpe ein Verteiler als Absperrorgan oder ein Rückflussverhinderer

3 Wassertransport über Schlauchleitungen

mit Schlauchentlüftung eingefügt werden, damit die Leitung bei einem Defekt nicht leerlaufen kann (Bild 45). Damit bei einer Unterbrechung der Wasserförderung zumindest für eine kurze Zeit weiterhin Wasser an der Einsatzstelle verfügbar ist, sollten entsprechende Reserven (z. B. Löschwasserbehälter eines Löschfahrzeuges) vorhanden sein.

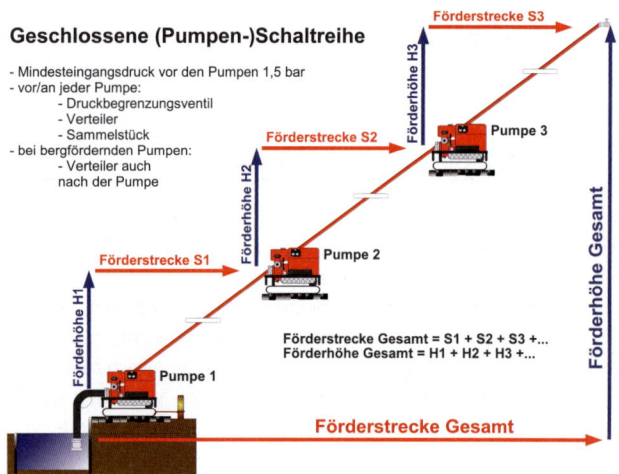

Bild 45: *Schematische Darstellung der geschlossenen (Pumpen-) Schaltreihe zur Löschwasserförderung über lange Wegstrecken*

Eine geschlossene Schaltreihe mit Pufferbehälter lässt sich realisieren, indem das geförderte Löschwasser nicht mittels

3.1 Grundbegriffe

Sammelstück am Saugeingang der Pumpe eingeleitet wird, sondern in den Löschwasserbehälter eines Löschfahrzeugs. Dabei darf der Druck den maximalen Fülldruck nicht übersteigen, um Schäden an den Schwallwänden oder gar einen Überdruck im Löschwasserbehälter auszuschließen. Das Wasser wird der Pumpe indirekt über die Saugverbindung zwischen Pumpe und Löschwasserbehälter zugeführt. Der Maschinist muss dabei ständig darauf achten, dass der Löschwasserbehälter nicht überläuft, indem er das Füllventil betätigt, wenn mehr Wasser ankommt als die Pumpe weiterfördern kann. Moderne Fahrzeuge verfügen über automatische Füllventile, die diese Arbeit übernehmen. In diesem Zusammenhang sei nochmals ausdrücklich auf die Trinkwasserverordnung und die damit erforderlichen technischen Anforderungen hingewiesen.

Merke:
Beim Betrieb von Pumpen in geschlossenen Schaltreihen ist die thermische Belastung zu beachten. Wenn keine Temperaturanzeige vorhanden ist, sollte vorsichtig das Pumpengehäuse abgetastet werden, um die Pumpe auf Überhitzung zu prüfen.

Hinweis:
An Verstärkerpumpen ist oft nicht erkennbar, ob ausreichend Löschwasser gefördert wird. Aus diesem Grund sollten die Maschinisten über Funkgeräte verfügen, um rechtzeitig informiert werden zu können.

Wenn ein Fahrzeug mit Löschwasserbehälter als Verstärkerpumpe eingesetzt wird, sollte das ankommende Löschwasser mittels Sammelstück direkt dem Pumpensaugeingang zugeführt werden und der Löschwasserbehälter gefüllt bleiben. Bei älteren Fahrzeugen, bei denen die Tanksaugklappe oder das Umschaltventil nicht in Abhängigkeit vom Saugbetrieb geschaltet wird, kann diese(s) geöffnet werden und somit ein ständiger Kreislauf mit dem Löschwasserbehälter erfolgen. Die Pumpe erhält das zu fördernde Wasser dann sowohl von der Versorgungsleitung als auch aus dem Löschwasserbehälter. So wird sichergestellt, dass der Löschwasserbehälter ständig gefüllt ist und die Pumpe auch bei einer Unterbrechung der Versorgungsleitung (kurzzeitig) weiter Wasser fördert. Wenn kein Bedarf an Löschwasser besteht, wird die Pumpe durch das im Kreislauf geförderte Wasser gekühlt. Dabei wird allerdings bei Hydrantenbetrieb das frische Wasser mit gebrauchtem Wasser gemischt. Für die Brandbekämpfung ist das kein Problem, wenn sichergestellt ist, dass das gebrauchte (graue) Wasser nicht in das Netzwerk der Trinkwasserversorgung gelangen kann.

3.1.3 Reihenschaltung von Feuerlöschkreiselpumpen

Bei der Reihenschaltung werden leistungsidentische bzw. baugleiche Feuerlöschkreiselpumpen hintereinander (in Reihe) geschaltet, um den Druck zu erhöhen, wenn eine Pumpe das erforderliche Druckniveau nicht alleine erreichen kann. Eine Reihenschaltung von Feuerlöschkreiselpumpen kann beispielsweise bei der Löschwasserförderung in höheren Gebäuden (z. B. Speisung einer »Löschwasseranlage trocken«, siehe

3.1 Grundbegriffe

Bild 46) erfolgen oder wenn keine Verstärkerpumpe aufgestellt werden kann (z. B. in sehr steilem Gelände).

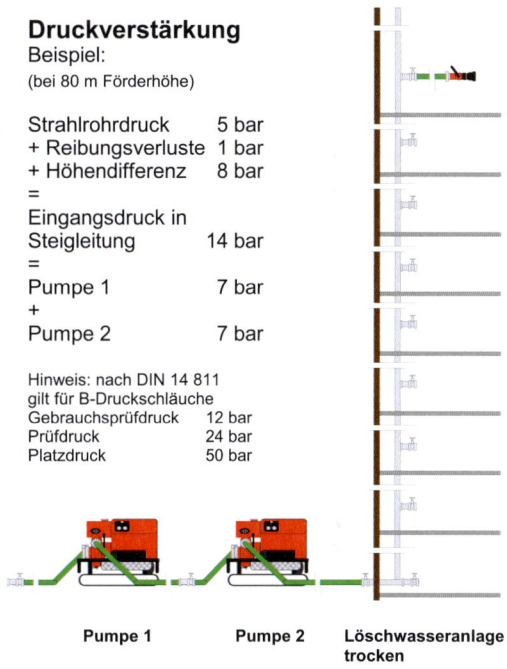

Druckverstärkung
Beispiel:
(bei 80 m Förderhöhe)

Strahlrohrdruck 5 bar
+ Reibungsverluste 1 bar
+ Höhendifferenz 8 bar
=
Eingangsdruck in
Steigleitung 14 bar
=
Pumpe 1 7 bar
+
Pumpe 2 7 bar

Hinweis: nach DIN 14 811
gilt für B-Druckschläuche
Gebrauchsprüfdruck 12 bar
Prüfdruck 24 bar
Platzdruck 50 bar

Pumpe 1   Pumpe 2   Löschwasseranlage trocken

Bild 46: *Prinzip der Druckverstärkung durch Hintereinanderschalten (Reihenschaltung) mehrerer baugleicher Feuerlöschkreiselpumpen*

3 Wassertransport über Schlauchleitungen

> **Merke:**
> Eine Reihenschaltung kann nicht mit beliebig vielen Feuerlöschkreiselpumpen erfolgen. Es ist unbedingt auf die Druckfestigkeit des Schlauchmaterials zu achten!

> **Beispiel:**
> Angenommen wird der Brand einer Schutzhütte im Gebirge. Der direkte Weg zur Brandstelle führt über zehn Meter von einem Bach bis zu einer Felswand mit 60 Metern Höhe, anschließend über 30 Meter bis zur Hütte. Zweite Möglichkeit: ein zirka 900 Meter langer Fußweg. Der gesamte Höhenunterschied beträgt 70 Meter. Es stehen zwei TS 2/5 sowie ausreichend Schlauchmaterial (C52- und D-Druckschläuche) zur Verfügung. Mit zwei Hohlstrahlrohren mit einem Durchfluss von jeweils 100 l/min soll die Brandbekämpfung durchgeführt werden.

Es ist schnell erkennbar, dass ein Verlegen von Schläuchen über den Fußweg zur Hütte sehr zeitintensiv ist, da hier mindestens 60 C-Druckschläuche von Hand verlegt werden müssen. Der Druckverlust aufgrund des Reibungswiderstandes liegt bei etwa 4,5 bar (C52-Druckschlauch: 0,5 bar Reibungsverlust pro 100 m bei einem Förderstrom von 200 l/min → 4,5 bar bei 900 m). Dazu kommen noch rund sieben bar Druckverlust durch die Überwindung des Höhenunterschieds von 70 Metern sowie ein Strahlrohrdruck von mindestens 2,5 bar. Die Pumpen müssten also einen Druck von etwa 14 bar (ohne Berücksichtigung des Druckverlustes in den Angriffsleitungen) erzeugen.

Eine TS 2/5 erreicht bei einem Volumenstrom von 200 l/min einen Ausgangsdruck von fünf bar.

3.1 Grundbegriffe

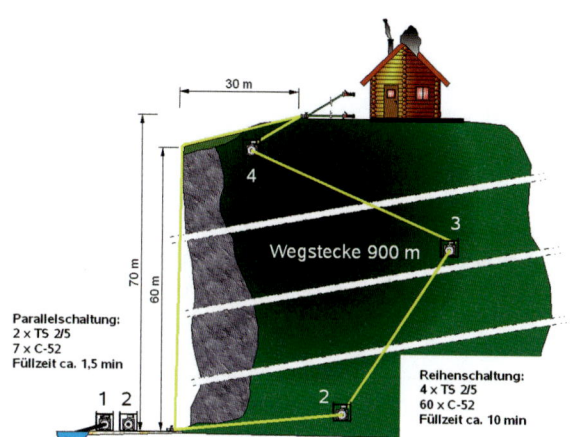

Bild 47: *Beispiel Hüttenbrand*

Bei einem Eingangsdruck der Verstärkerpumpen von mindestens 1,5 bar stehen somit noch 3,5 bar zur Überwindung des Reibungswiderstandes zur Verfügung. Daraus folgt, dass im Beispielfall mindestens vier TS 2/5 (14 bar/3,5 bar = Faktor 4) erforderlich wären.

Eine alternative Möglichkeit besteht darin, dass die beiden TS 2/5 von zwei Personen am Bach in Stellung gebracht werden. Eine TS saugt das Wasser an und fördert es durch einen C-Schlauch direkt in die zweite TS. Dort wird der Druck von fünf auf zehn bar erhöht. Währenddessen trägt der Rest der Mannschaft die benötigte Ausrüstung für den Löschangriff

3 Wassertransport über Schlauchleitungen

über den Fußweg zur Hütte und seilt an der Felskante eine C-Leitung zur Wasserförderung ab. Auf diese Weise kann eine Staffelbesatzung nach etwa 15 Minuten mit dem Löschangriff beginnen.

Die Verlegung von Schläuchen über den Fußweg ist wesentlich personal- und zeitintensiver, da hier neben den 60 C-Schläuchen auch die Verstärkerpumpen über eine längere Strecke getragen werden müssen. Zudem ist die Füllzeit der Schlauchleitung wesentlich länger: Ein C52-Druckschlauch mit 15 Metern Länge fasst ein Volumen von zirka 32 Litern. Bei 60 Schläuchen sind das 1 920 Liter, was eine Füllzeit von etwa 9,6 Minuten (1 920 l/200 l/min) ergibt. Die »direkte« Leitung ist hingegen in etwas mehr als einer Minute gefüllt (10 m + 60 m + 30 m = 100 m; 100 m/15 m → sieben C52-Druckschläuche a 15 m; 7 x 32 l = 224 l; 224 l/200 l/min = 1,12 min).

Dieses Beispiel zeigt, wie man durch eine Reihenschaltung von Feuerlöschkreiselpumpen zeit- und personalsparend eine Wasserversorgung aufbauen kann.

Achtung:
Feuerwehren in Deutschland sind es in der Regel nicht gewohnt, C-Druckschläuche zur Wasserförderung zu verwenden. Hierin liegt eine Gefahr, auf die ausdrücklich hingewiesen werden muss. Auch sind die Reibungsverluste bei einer Verwendung von C42- Druckschläuchen deutlich höher (zwei bar pro 100 Meter bei 200 l/min) als bei C52-Druckschläuchen (0,5 bar pro 100 Meter bei 200 l/min). Dies fällt in der Einsatzpraxis bei Angriffsleitungen (oft nur drei bis fünf C-Längen) meist nicht auf.

3.1 Grundbegriffe

3.1.4 Parallelschaltung von Feuerlöschkreiselpumpen

Wenn bei einem Brandeinsatz der erforderliche Volumenstrom nicht durch eine Feuerlöschkreiselpumpe alleine sichergestellt werden kann, können weitere Pumpen eingesetzt werden. Dabei werden diese nebeneinander – also parallel – aufgestellt und betrieben (Bild 48). Hierbei müssen die Pumpen nicht aus derselben Wasserentnahmestelle gespeist werden. Im Gegensatz zur Reihenschaltung, bei der die Leistungswerte der Pumpen aufeinander abgestimmt sein müssen, spielt dies bei der Parallelschaltung keine Rolle.

Hinweis:
Es handelt sich nur um eine beispielhafte Darstellung. Wasserentnahme, Pumpentyp, Förder- und Angriffsleitungen, wasserabgebende Armaturen usw. können unterschiedlich sein.

An großen Einsatzstellen kommt es häufig vor, dass eine Kombination aus Parallel- und Reihenschaltung aufgebaut wird, da bei einem großen Löschwasserbedarf einerseits mehrere Pumpen nebeneinander Löschwasser fördern müssen, dieses gleichzeitig aber oft aus großen Entfernungen herbeigeschafft werden muss. Die Kriterien zur Auslegung einer Wasserförderstrecke sowie deren Berechnung werden im Kapitel 4 behandelt.

3   Wassertransport über Schlauchleitungen

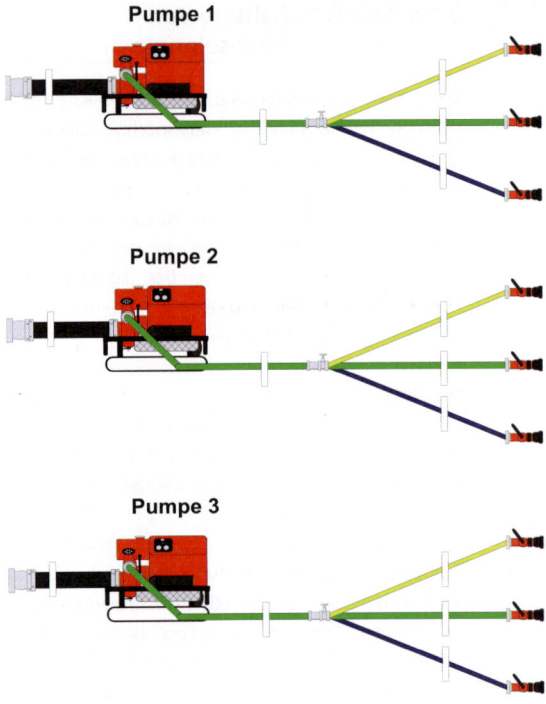

Bild 48: *Nebeneinanderschalten (Parallelschaltung) mehrerer Feuerlöschkreiselpumpen*

3.2 Pumpentechnik

Im Folgenden werden die für den Feuerwehrdienst bzw. die Wasserversorgung relevanten Pumpentypen beschrieben. Bei einer Wasserförderung über lange Wegstrecken ist besonders darauf zu achten, dass die Pumpenleistungen (DIN EN 1028), die Armaturen (DIN 14341 und DIN 14342) sowie die Querschnitte der Schläuche (DIN 14811) zusammenpassen.

3.2.1 Feuerlöschkreiselpumpen

Vom Fahrzeugmotor angetriebene Feuerlösch(kreisel)pumpen (FP) müssen der DIN EN 1028-1 »Feuerlöschpumpen – Feuerlöschkreiselpumpen mit Entlüftungseinrichtung – Teil 1: Klassifizierung – Allgemeine und Sicherheitsanforderungen« sowie der DIN EN 1028–2 – »Teil 2: Feststellung der Übereinstimmung mit den allgemeinen und Sicherheitsanforderungen« entsprechen. Hinweis: Die DIN 14420 gilt weiterhin in Verbindung mit der DIN EN 1028. Sie ersetzt gemeinsam mit der Normenreihe DIN EN 1028 die bisher in Deutschland gültigen Normen für Feuerlöschpumpen und enthält Anforderungen an die saug- und druckseitige Bestückung von Feuerlöschkreiselpumpen sowie deren Prüfung nach Einbau im Feuerwehrfahrzeug. Die o. g. Normen beschreiben die Anforderungen an Feuerlöschkreiselpumpen mit Entlüftungseinrichtung für die Brandbekämpfung, die ohne Antrieb und Kupplung zum Festeinbau in Fahrzeugen bestimmt sind. Die Grenzen von Feuerlöschkreiselpumpen mit Entlüftungseinrichtung werden dabei durch die Ein- und Austrittsanschlüsse sowie deren

Wellenenden definiert. Daneben gibt es noch die DIN EN 14710 Teil 1 und 2, die Feuerlöschkreiselpumpen ohne Entlüftungseinrichtungen beschreibt. Darunter fallen z. B. Tauch- oder Schwimmpumpen.

Bei Feuerlöschkreiselpumpen nach DIN EN 1028 handelt es sich um besonders gestaltete, maschinell angetriebene Strömungsmaschinen für die Förderung von Löschwasser. Da Kreiselpumpen nicht selbst ansaugen können, sind sie mit einer zusätzlichen Entlüftungseinrichtung ausgestattet. Durch das Entfernen der Luft aus den Saugschläuchen wird der Druck in der Saugleitung gegenüber dem Umgebungsluftdruck abgesenkt. Dieser drückt das Wasser in die Saugschläuche. Die so genannte geodätische Saughöhe (= Höhendifferenz zwischen der Eintrittsmitte des ersten Laufrades der Pumpe und dem saugseitigen Wasserspiegel) ist in der Praxis auf zirka sieben bis acht Meter begrenzt.

Feuerlöschkreiselpumpen können als Front-, Heck- oder »Midship-Pumpe« fest im Fahrzeug eingebaut sein oder sie verfügen über einen eigenen Antriebsmotor für die Verwendung als Tragkraftspritze oder Motorpumpe in Flughafen- und Waldbrandlöschfahrzeugen sowie Abrollbehältern. Die Unterscheidungsmerkmale der fest eingebauten Pumpen sind neben der Leistungsfähigkeit die Anzahl der Druckstufen (ein- oder mehrstufig) und ob ein Hochdruckteil oder eine Schaummittelzumischung verbaut ist. Das Bezeichnungsschema der Feuerlöschkreiselpumpen nach DIN EN 1028–1 wird an folgendem Beispiel erläutert:

Feuerlöschkreiselpumpe FPN 10–2000 (nach DIN EN 1028–1)

Das heißt, die Feuerlöschkreiselpumpe hat einen Nennförderdruck von 10 bar und einen Nennförderstrom von 2 000 l/min (sowie einen Grenzdruck von 17 bar, einen dynamischen Prüfdruck von 22,5 bar und einen Schließdruck von 10 bis 17 bar). Die Tabelle 4 gibt einen Überblick über die Feuerlöschkreiselpumpen mit Entlüftungseinrichtung nach DIN EN 1028-1.

Bild 49: *Schnittmodell einer Feuerlöschkreiselpumpe*

3 Wassertransport über Schlauchleitungen

Tabelle 4: *Feuerlöschkreiselpumpen mit Entlüftungseinrichtung nach DIN EN 1028–1*

Kurzbezeichnung	Nennförderdruck p_N bar	Nennförderstrom Q_N l/min	Grenzdruck $p_{a\,lim}$ bar	Dynamischer Prüfdruck p_{pd} bar	Schließdruck p_{a0} bar
Feuerlöschkreiselpumpen mit Nennförderdrücken bis 6 bar					
FPN 6–500	6	500	11	16,5	6 bis 11
Feuerlöschkreiselpumpen mit Nennförderdrücken bis 10 bar					
FPN 10–750	10	750	17	22,5	10 bis 17
FPN 10–1000	10	1 000	17	22,5	10 bis 17
FPN 10–1500	10	1 500	17	22,5	10 bis 17
FPN 10–2000	10	2 000	17	22,5	10 bis 17
FPN 10–3000	10	3 000	17	22,5	10 bis 17
FPN 10–4000	10	4 000	17	22,5	10 bis 17
FPN 10–6000	10	6 000	17	22,5	10 bis 17

3.2 Pumpentechnik

Tabelle 4: *Feuerlöschkreiselpumpen mit Entlüftungseinrichtung nach DIN EN 1028–1 – Fortsetzung*

Kurzbezeichnung	Nennförderdruck p_N bar	Nennförderstrom Q_N l/min	Grenzdruck $P_{a\,lim}$ bar	Dynamischer Prüfdruck p_{pd} bar	Schließdruck p_{a0} bar
Feuerlöschkreiselpumpen mit Nennförderdrücken bis 15 bar					
FPN 15–1000	15	1 000	20	25,5	15 bis 20
FPN 15–2000	15	2 000	20	25,5	15 bis 20
FPN 15–3000	15	3 000	20	25,5	15 bis 20
Feuerlöschkreiselpumpen mit Nennförderdrücken bis 40 bar					
FPH 40–250	40	250	54,5	60	40 bis 54,5

3.2.2 Tragkraftspritzen

Tragkraftspritzen unterliegen der DIN 14466 und werden dort als PFPN – **p**ortable **f**ire **p**ump (for **n**ormal pressure) – bezeichnet. Bei deutschen Feuerwehren sind neben den noch zahlreich vorhandenen TS 8/8 (alte DIN-Bezeichnung) mit VW-Industriemotor moderne PFPN 10-1000 und PFPN 10-1500 verschiedener Hersteller vorhanden. Darüber hinaus gibt es noch TS 4/5, TS 2/5 sowie TS 05/5 aus Bundesbeständen. Diese

3 Wassertransport über Schlauchleitungen

kleinen und leichten Tragkraftspritzen lassen sich im unwegsamen Gelände sehr handlich transportieren. Für ältere Tragkraftspritzen des Typs TS 8/8 gibt es Laufräder mit einer anderen Geometrie zum Tausch gegen die Serienlaufräder. Die Tragkraftspritzen können dann als Lenzpumpen (2 400 l/min bei 3 bar) eingesetzt werden.

Für die Vegetationsbrandbekämpfung werden zunehmend auch in Deutschland Rucksackspritzen und/oder kompakte kleine Tragkraftspritzen mit hohem Ausgangsdruck verwendet, um bei geringen Schlauchquerschnitten größere Distanzen überbrücken zu können und um die Reibungsverluste auszugleichen (siehe dazu Bild 55).

Bilder 50, 51, 52: *Verschiedene moderne Tragkraftspritzen mit deutlich höheren Leistungswerten als die Norm fordert bzw. kompakter bei gleicher Normleistung, um z. B. anstelle eines Stromerzeugers im Tiefraum des Geräteraumes eines Löschfahrzeugs gelagert werden zu können.*

3.2 Pumpentechnik

3.2.3 Tauchpumpen

Tauchpumpen (TP) sind elektrisch oder hydraulisch angetriebene Kreiselpumpen, die komplett ins Wasser eingetaucht werden. Eine Saugleitung sowie eine Entlüftungseinrichtung sind nicht erforderlich, da der Pumpenkörper geflutet wird. Tauchpumpen für die Feuerwehr sind nach DIN 14425 genormt. In der Regel werden kleinere Tauchpumpen (Volumenströme 400 bis 1 600 l/min) elektrisch betrieben, größere Tauchpumpen (Volumenströme > 2 000 l/min) elektrisch oder mittels Hydraulikantrieb.

Aufgrund der Auslegung und des üblichen Einsatzzweckes (lenzen) handelt es sich meist um Volumenförderpumpen. Das heißt, es werden große Volumen bei geringen Drücken (etwa ein bis 1,5 bar) gefördert. Typische Tauchpumpen für den Feuerwehreinsatz sind die Typen TP 4, TP 6, TP 8 und TP 15, wobei die Zahl das Fördervolumen in l/min x 100 angibt (Bild 53). Beim THW, einigen Feuerwehren und Baufirmen werden wesentlich leistungsfähigere Tauchpumpen eingesetzt, die dann mittels A- oder F-Druckschläuchen Volumen von mehr als 1 500 l/min fördern.

3.2.4 Turbinentauchpumpen, Wasserstrahlpumpen, Tiefsauger

Turbinentauchpumpen, Wasserstrahlpumpen und Tiefsauger werden durch das Treibwasser einer anderen Pumpe (z. B. Feuerlöschkreiselpumpe) angetrieben.

3 Wassertransport über Schlauchleitungen

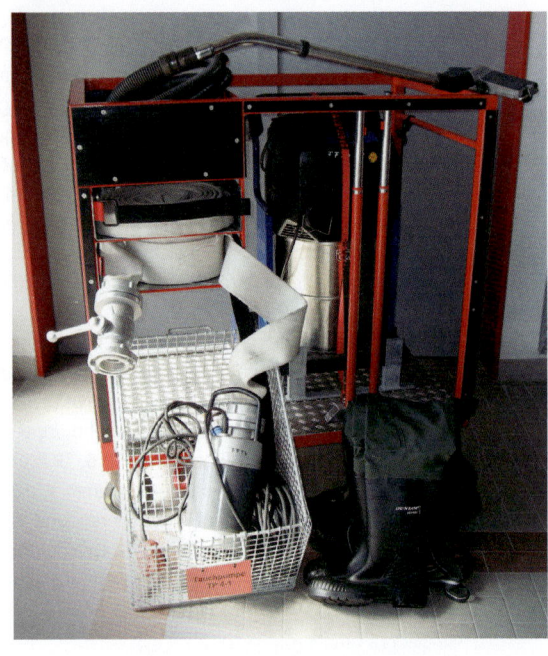

Bild 53: *Rollcontainer mit Tauchpumpe und Zubehör zur Verladung auf einem Transportfahrzeug mit Ladebordwand*

3.2 Pumpentechnik

Bild 54: *Turbinentauchpumpe mit B-Storz-Kupplungen. Der rote Teil (rote Kupplung) ist der Treibwasserkreis und der blaue Teil (blaue Kupplungen) ist der Förderkreislauf.*

Die Turbinentauchpumpe (TTP) nach DIN 14426 (Hinweis: Norm wurde ohne Ersatz im Oktober 2007 zurückgezogen) ist ähnlich aufgebaut wie ein Turbolader. Sie besteht aus einer Kreiselpumpe, die über eine feste Welle mit einer Turbine verbunden ist. Die Turbine wird über zwei Druckschläuche (Treibwasseranschluss und Rücklaufleitung) mit einer anderen Pumpe verbunden, durch deren Treibwasser angetrieben und treibt ihrerseits die eigentliche Pumpeneinheit der TTP an (Bild 54). Diese ist im Wasser eingetaucht und fördert über eine dritte Druckleitung Wasser. Das Treibwasser sollte aufgrund der Kühlung aus dem Löschwasserbehälter eines Löschfahrzeugs im Kreislauf gepumpt werden.

Der Vorteil dieser Technik liegt darin, dass Löschwasser auch aus größeren Tiefen gefördert werden kann. Turbinentauchpumpen werden deshalb dort eingesetzt, wo Feuerlöschkreiselpumpen aufgrund der geodätischen Saughöhe nicht verwendet werden können. Ein weiterer Vorteil besteht darin, dass Turbinentauchpumpen auch zum Fördern von anderen flüssigen Medien oder sehr verschmutztem Wasser geeignet sind, wenn es das Material der Pumpe zulässt. Selbst in explosionsgefährdeten Bereichen kann eine TTP eingesetzt werden, wenn die Zuleitungen lang genug sind und die Treibwasserpumpe sich außerhalb des Gefahrenbereiches befindet.

Wasserstrahlpumpen werden wie Turbinentauchpumpen über den Treibwasserstrom anderer Pumpen angetrieben. Das Wirkprinzip entspricht hier allerdings dem eines Zumischers (»Venturiprinzip«). Etwa die Hälfte des Treibwasserstromes wird dabei aufgenommen und mitgefördert. So erklärt sich auch, warum bei Wasserstrahlpumpen als Treibwasserleitung eine C-Druckleitung und als Förderleitung eine B-Druckleitung verwendet wird. Diese Technik eignet sich nicht zum Fördern fremder Medien, ist aber einfach und robust und kann auch bei sehr verschmutztem oder schlammigem Wasser (z. B. Auspumpen von Kellern oder Baugruben) eingesetzt werden.

Ein Tiefsauger funktioniert nach demselben Prinzip, besitzt aber in der Regel einen B-Treibwasseranschluss und eine A-Förderleitung. Zur Erzeugung des Treibwasserstroms wird ein Fahrzeug mit einer entsprechend dimensionierten Feuerlöschkreiselpumpe und einem ausreichend großen Löschwasserbehälter benötigt. Tiefsauger gehörten zur Standardbeladung älterer TLF 16 des Katastrophenschutzes, um Löschwasser mit einem Volumenstrom von etwa 1 600 l/min aus Tiefen von bis zu 25 Metern ohne Saugschläuche fördern zu können. Aufgrund von leistungsstarken Tauchpumpen wird diese Technik heute allerdings nicht mehr angewendet.

3.2 Pumpentechnik

Bild 55: *Schwimmpumpen sind einfach in der Handhabung und effektiv im Gebrauch. Allerdings sind sie nur begrenzt einsetzbar. Im Vordergrund eine Schwimmpumpe, in der Mitte eine Rucksackspritze des Typs Hale Fyr Pak mit einer Leistung von ca. 280 l/min bei 15 bar bei einem Gewicht von ca. 15,5 kg und im Hintergrund eine kompakte Tragkraftspritze, geeignet im Kombination mit einem kleinen Tank auf einem Pickup.*

3.2.5 Schwimmpumpen

Wie die Bezeichnung bereits vermuten lässt, handelt es sich bei Schwimmpumpen um Pumpen, die auf der Wasseroberfläche schwimmen (Bild 55). Der Vorteil dieser Pumpen liegt darin, dass auch hier auf Saugschläuche verzichtet werden kann und die geodätische Saughöhe gleich Null ist. Der Wirkungsgrad ist damit besonders hoch.

3 Wassertransport über Schlauchleitungen

Bei deutschen Feuerwehren werden Schwimmpumpen in der Regel deshalb nicht eingesetzt, weil sie aufgrund ihrer Leistungsparameter nicht zur vorhandenen Feuerwehrtechnik

Bild 56: *Diese Schmutzwasserpumpe fördert trotz ihrer kompakten Bauweise bis zu 2 300 l/min, daher werden A-Druckschläuche verwendet. Mittels des Sammelstücks (ohne Klappe) kann eine Verteilung auf B-Druckschläuche erfolgen.*

passen. Zu bedenken ist auch, dass die Bedienung an Böschungen oder ein Nachtanken während des laufenden Betriebes nur schwer oder gar nicht möglich ist.

3.2.6 Lenzpumpen (Schmutzwasserpumpen)

Der Begriff »lenzen« stammt aus der Schifffahrt und bedeutet aus einem Schiffsrumpf Schwitzwasser oder eingedrungenes Wasser auszupumpen. Lenzpumpen erzeugen wie Tauchpumpen nur geringe Drücke, können aber große Volumenströme fördern (Bild 56). Zusätzlich haben sie einen großen Korndurchlass, d.h. sie können auch Fremdkörper im Wasser befördern, und sind gegenüber aggressiven Medien im Wasser (Schlacke, Sand, Verunreinigungen wie Öl usw.) relativ unempfindlich. Einige Lenzpumpen können sowohl als Tauchpumpe als auch mit einem Saugschlauch eingesetzt werden, was die Vielseitigkeit deutlich erhöht.

3.2.7 Pumpentechnik des THW

Neben elektrischen Tauchpumpen, Schmutzwasserpumpen und Tragkraftspritzen verfügt das Technische Hilfswerk (THW) über leistungsfähige Großpumpen (Havariepumpen) mit Förderleistungen von bis zu 15 000 l/min (Bild 57). Diese Pumpen werden bei den Fachgruppen »Wasserschaden/Pumpen« (FGr W/P) vorgehalten (Tabelle 5).

Havariepumpen sind sehr robust und unempfindlich gegen Trockenlaufen. Die Rüstzeit beträgt zirka 20 Minuten, eine Tankfüllung (Diesel) reicht für eine Betriebszeit von etwa

3 Wassertransport über Schlauchleitungen

Bild 57: *Die Großpumpen des THW (im Vordergrund) sind auf Tandemanhängern montiert. Im Hintergrund eine Großvolumenpumpe. Man beachte die enormen Schlauchdurchmesser.*

24 Stunden. Durch den Ausgangsdruck von bis zu fünf bar eignen sich Havariepumpen auch zur Wasserförderung über lange Wegstrecken.

Mithilfe von Übergangsstücken von den Perrot-Schnellkupplungen (Nennweite der Druckschläuche 200 mm) auf fünf B-Storzkupplungen kann das Wasser Feuerlöschkreiselpumpen direkt zugeführt werden.

3.2 Pumpentechnik

Tabelle 5: *Technische Daten der Havariepumpen des THW*

Bezeichnung	Hannibal	DIA-Pumpe	Börger
Pumpentyp	NRS 150–315	AVS 650-TS	FL 1036 THW
Hersteller des Anhängers	Humbaur	Jungblut-Fahrzeugbau	WAP-Fahrzeugbau
Zulässige Gesamtmasse	2 000 kg	3 500 kg	2 500 kg
Antriebsmotor	Deutz-Diesel	Perkins 1004 Turbo-Diesel	Deutz-Diesel
Leistung	30 kW	66 kW	60 kW
Tankinhalt	140 l	198 l	210 l
Pumpenfunktionsweise	Kreiselpumpe	Kanalradpumpe	Drehkolbenpumpe
Schlauchkupplungstyp	Perrot	Perrot	Perrot
Förderleistung	5 000 l/min	1 670 bis 15 000 l/min	5 000 l/min
Maximale Ansaughöhe	5 m	10 m	10 m
Maximale Förderhöhe	20 m	50 m	40 m
Korndurchlass	70 mm	125 mm	75 mm
Ansaugeingänge	3x NW 150 (F)	3x NW 150 (F)	2x NW 150 (F)
Druckabgänge	2x NW 150 (F)	1x NW 200 (F)	2x NW 150 (F)

3.2.8 Hytrans Fire System

Das »Hytrans Fire System« (HFS, oder auch »Holland Fire System«) ist eine Entwicklung aus den Niederlanden zur Förderung großer Volumenströme über größere Entfernungen. Auch in Deutschland ist diese Technik, die meist auf Abrollbehältern montiert ist und mit Wechselladerfahrzeugen transportiert wird, mittlerweile verbreitet. Bei diesem System treibt ein Dieselhydraulikaggregat über eine 60 Meter lange Hydraulikleitung eine Pumpeneinheit (HydroSub) an, die wie eine Tauchpumpe oder als Schwimmpumpe eingesetzt wird. Das Löschwasser wird über F-Druckschläuche mit einer Nennweite von 150 Millimetern gefördert (Bild 59 bis 61). Die Technik ist zwar geeignet große Löschmittelmengen über größere Strecken zu fördern, es ist aber auch ein nicht unerheblicher logistischer Aufwand dafür erforderlich. Es werden neben dem Löschsystem und speziellen Schläuchen auch Geräte und Ausrüstung zur Absicherung der Schlauchleitungen, spezielle Schlauchbrücken, Übergangsstücke und Armaturen benötigt, die sinnvoll nur in einem zusätzlichen Logistikfahrzeug (z. B. GW-L oder V-Lkw) transportiert werden können.

3.2 Pumpentechnik

Bild 58: *Der schmale Aufbau mit dem Pumpenaggregat kann mittels des Hakensystems des WLF vom abgestellten Abrollbehälter entnommen werden und in Stellung gebracht werden. Danach wird der AB wieder aufgenommen und damit die Schläuche verlegt.*

3 Wassertransport über Schlauchleitungen

Bild 59: *Hytrans Fire System auf einem WLF. Man beachte die geteilte Version des Aufbaus.*

3.2 Pumpentechnik

Bild 60: *Nach Beendigung des Einsatzes werden die Schläuche über ein Aufnahmesystem während der Fahrt wieder aufgenommen.*

3.2.9 Sonstige Pumpentechnik

Neben den bereits beschriebenen Pumpen gibt es weitere Pumpentechnik im Baugewerbe oder in der Landwirtschaft, die beispielsweise bei einer Hochwasserlage eingesetzt werden kann (Bild 61). Im Bild 63 werden die verschiedenen Pumpen-

3 Wassertransport über Schlauchleitungen

techniken bezüglich ihrer möglichen Förderhöhe miteinander verglichen. Auch elektrisch betriebene Schneckenförderpumpen (z. B. heute verwendet als Schaummittelpumpen in Druck-Zumischsystemen oder in der Industrie als Förderpumpen für zähe Flüssigkeiten) sind für wenige Anwendungen sinnvoll. So können diese z. B. bei Fahrzeugen eingesetzt werden, die während der Fahrt unabhängig vom Fahrzeugantrieb einen konstanten Pumpendruck bei nicht allzu großen Fördervolumen erzeugen müssen, um bei Löscharbeiten im Pump-and-Roll-Betrieb (Fahren und Pumpen gleichzeitig) keine Druckschwankungen durch unterschiedliche Drehzahlen beim Fahren zu erhalten.

Bild 61 und 62: *Schmutzwasserpumpe, angetrieben vom Nebenantrieb eines Traktors, im Hochwassereinsatz (links). Beispiel der Anwendung einer elektrischen Schneckenförderpumpe angetrieben durch einen Stromerzeuger auf der Pritsche eines Fahrzeugs der Organisation @fire bei der Brandbekämpfung eines Flächenbrandes (rechts).*

3.2 Pumpentechnik

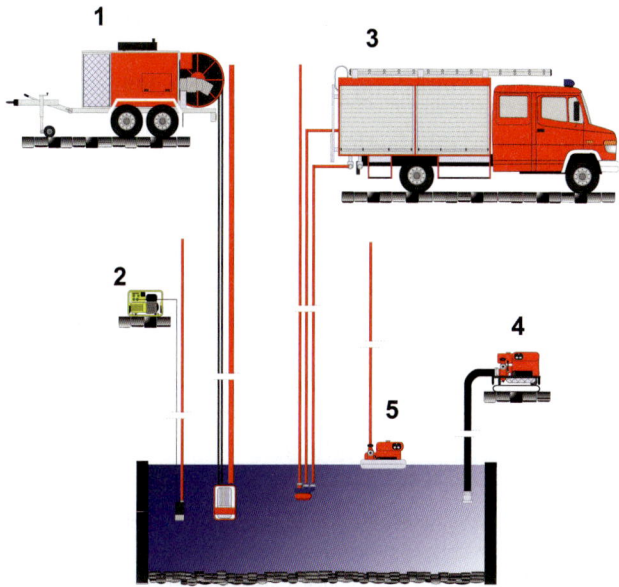

Bild 63: *Vergleich verschiedener Pumpen bezüglich ihrer Förderhöhe*
1 = Hydraulische Tauchpumpe
2 = Elektrische Tauchpumpe
3 = Feuerlöschkreiselpumpe mit Tank und Turbinentauchpumpe
4 = Tragkraftspritze mit Saugschläuchen
5 = Schwimmpumpe

3 Wassertransport über Schlauchleitungen

3.3 Schlauch- und Leitungstechnik

3.3.1 Einteilung der Feuerwehrschläuche

Druckschläuche zur Brandbekämpfung lassen sich in formfeste bzw. formstabile Schläuche nach DIN EN 1947 (Schnellangriff in Löschfahrzeugen), DIN EN 694 für formstabile Schläuche für Wandhydranten und faltbare Schläuche (Angriffs- und Transportleitungen) nach DIN 14811 und DIN EN 14540 für Flachschläuche für Wandhydranten unterteilen. Außerdem gibt es Saugschläuche zum Saugen von Löschwasser nach DIN EN ISO 14557 und D-Ansaugschläuche für Löschmittelzusätze nach DIN EN 16712 Teil 2 (Ersatz für DIN 14819).

3.3.2 Genormte Schläuche

Schläuche zur Brandbekämpfung müssen der DIN 14811 »Feuerlöschschläuche – Druckschläuche und Einbände für Pumpen und Feuerwehrfahrzeuge« entsprechen. An Druckschläuche werden folgende allgemeine Anforderungen gestellt:
- gute Wasserdichtheit,
- hohe Druckfestigkeit,
- glatte Innenwand,
- gute Griffigkeit,
- Geschmeidigkeit,
- lange Lebensdauer,
- geringes Gewicht,
- geringer Transportraum sowie
- Verrottungsfestigkeit.

3.3 Schlauch- und Leitungstechnik

Da davon ausgegangen werden kann, dass die verschiedenen Druckschläuche hinreichend bekannt sind, werden diese hier nicht noch einmal genannt. Die wichtigsten Daten können in einer Tabelle als Download (siehe Hinweis unterhalb des Inhaltsverzeichnisses) abgerufen werden. In diesem Zusammenhang sei ausdrücklich darauf hingewiesen, dass Feuerlöschkreiselpumpen mit erhöhtem Schließdruck auch Schlauchmaterial mit höherer Druckfestigkeit erforderlich machen, vorhandene ältere Schläuche also nicht unbedingt weiterverwendet werden können. Bei Saugschläuchen ist noch anzumerken, dass diese nicht mit hohem Druck betrieben werden dürfen. Als gängige Größen werden B- und A-Saugschläuche mit Längen von 1,6 und 2,5 Metern eingesetzt.

Der nach Norm vorgeschriebene Leitungsquerschnitt beträgt bei A-Saugschläuchen 110 mm. Das entspricht 4 Zoll. Dieser Leitungsquerschnitt begrenzt die Schöpfleistung (also die Förderleistung einer Feuerlöschkreiselpumpe im Saugbetrieb) auf ca. 2 400 bis 2 600 l/min obwohl einige Pumpen rein hydraulisch deutlich höhere Förderleistungen erbringen könnten. Bei einem Saugmund (Öffnungsquerschnitt des saugseitigen Einlasses eines Pumpengehäuses) und den entsprechenden Querschnitten der Saugleitung z. B. von 5 Zoll = 125 mm kann die Leistung schon deutlich (z. B. auf 3 200 bis 3 500 l/min) gesteigert werden. Eine andere, allerdings aufwendige Methode, ist die Verwendung einer Doppelleitung von zwei x 110 mm Saugschläuchen.

Druckschläuche werden in verschiedenen Leistungsklassen unterschieden (K1 – K3):

- Klasse 1: unbeschichteter Schlauch, wobei dieser auch gefärbt oder pigmentiert sein kann.

3 Wassertransport über Schlauchleitungen

- Klasse 2: Schlauch mit dünner Außenbeschichtung.
- Klasse 3: Schlauch mit einer Deckschicht (im Außenbereich).

Je nach Webart und Materialauswahl besitzen sie zudem unterschiedliche Abrieb- und Festigkeitswerte und sind demnach stabiler, aber meist auch steifer und schwerer (je nach Leistungsklasse). Einen ebenso erheblichen Einfluss nimmt die Gummierung(sart) und die Tatsache, ob nur innen oder beidseitig, also auch außen eine Gummierung aufgebracht ist. Diese Schläuche sind insbesondere für den häufigen Gebrauch in rauer Umgebung (z. B. auf Baustellen) gut geeignet, benötigen aber erheblich mehr Platz im Transportzustand, sind deutlich unhandlicher und teurer. Für Anwendungen im Bereich der Schmutzwasserförderung und z. B. auch bei Vegetationsbränden (beispielsweise auf heißen oder sehr steinigen Böden) kann die Nutzung eines Schlauches mit beidseitiger Gummierung durchaus sinnvoll sein.

Als nützliche Ergänzung können heute Schiebemanschetten (zum kurzfristigen und schnellen Abdichten kleiner Leckagen) und Klemmkupplungen (z. B. System Iconos) empfohlen werden. Diese Kupplungen sind zwar etwas schwerer als die üblichen Stutzen zum Einbinden, können aber mit einem einfachen Imbusschlüssel vor Ort gewechselt bzw. neue eingebunden werden und haken aufgrund ihrer konischen Form beim Ziehen der Schläuche über Kanten nicht mehr so schnell ein.

Der Druckverlust bei Schlauchleitungen ergibt sich (neben dem Querschnitt) durch die Schlauchwandung und damit durch die Länge der Schläuche und die Anzahl der Kupp-

3.3 Schlauch- und Leitungstechnik

lungen. Aus diesem Grund macht es durchaus Sinn, wenn die Schlauchpflege (z. B. der Trockenturm) und die Transportart (z. B. Schlauchfächer) dies zulassen, anstelle 15 m besser 20 m lange Schläuche oder z. B. für Vegetationsbrände oder die Einrichtung zur schnellen Wasserabgabe bzw. einem Schlauch-

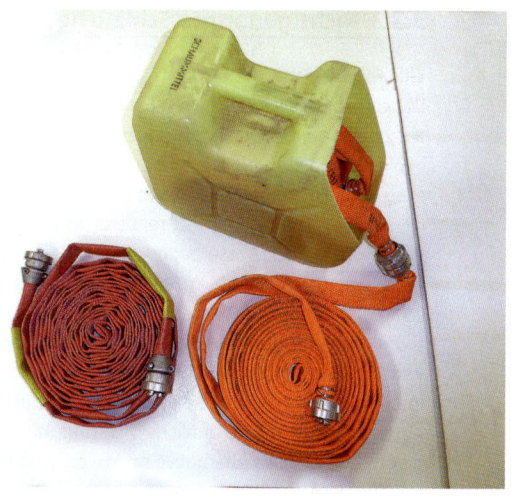

Bild 64: *Beispiel eines D-Druckschlauches (links) als innen und außen (in Rot) gummierter Druckschlauch mit Schiebemanschetten (in Gelb) und Iconos-Kupplungen, speziell geeignet als Schlauch für Nachlöscharbeiten auf heißen oder steinigen Böden. Rechts ein D-Druckschlauch ohne Außengummierung mit eingebundenen Kupplungen und dahinter eine einfache Lagerung von D-Druckschläuchen und Strahlrohr in einem aufgeschnittenen Schaummittelkanister.*

paket (auch bezeichnet als Loop, Milwaukee-Paket oder Schnecke) gleich 30 m für D- oder C-Schläuche zu beschaffen. Gewicht, Kosten, Handling, Unterhalt und taktischer Nutzen sprechen zumindest dafür.

3.3.3 Nicht genormte Schläuche

Düsenschläuche
Düsenschläuche eignen sich nicht zur Wasserförderung oder zur direkten Brandbekämpfung. Es gibt diese in den Größen von D bis F. Sie sind eher gedacht eine »Wasserwand« zu erzeugen, um einen brennenden Bereich von einem anderen (zu schützenden) Bereich zu trennen. Diese Schläuche haben einen sehr hohen Wasserbedarf und sind im Packmaß nochmals deutlich größer als im Vergleich zu »normalen« Druckschläuchen ohne Düsenbesatz. Es gibt sicher Anwendungsfälle z. B. im Gefahrgutbereich, aber auch hier ist der hohe Löschwasserbedarf zu berücksichtigen, denn das Wasser geht verloren und muss eventuell als kontaminiert aufgefangen und entsorgt werden. Eine ähnliche Wirkung mit deutlich geringerem Aufwand als Alternative sind Hydroschilde (siehe nachfolgend unter Armaturen).

In Ländern mit hohem Risiko an Flächenbränden praktizieren Feuerwehren zum Schutz ihrer Fahrzeuge in Notsituationen (wenn diese nicht mehr flüchten können), eine sehr pragmatische Methode mit normalen Druckschläuchen, indem sie diese in einen Ring um das Fahrzeug legen und mit einem Messer oder Stechwerkzeug Löcher in den Schlauch stechen. Der Effekt ist ähnlich einem Düsenschlauch und es wird eine

3.3 Schlauch- und Leitungstechnik

Wasserwand um das Fahrzeug oder zu schützende Gebäude erzeugt. Der Schlauch wird hierbei jedoch zerstört und muss ausgesondert werden. Da diese Methode mit allen herkömmlichen Schläuchen in relativ kurzer Zeit umgesetzt werden kann, sollte diese besondere Anwendungsmöglichkeit in bestimmten Einsatzsituationen zumindest bedacht werden.

»tränende oder nässende Schläuche« – Weeping Hose
Insbesondere für die Vegetationsbrandbekämpfung werden in Nordamerika sogenannte Weeping (tränende) oder Percolating (durchsickernde) Hose (Schläuche) eingesetzt. Dabei geht es nicht, wie bei den Düsenschläuchen, um eine direkte Brandbekämpfung oder eine Wasserwand, sondern um den (Eigen-)Schutz des Schlauches auf heißen Böden oder gegen die Hitzestrahlung. Man kann es quasi als »Schwitzen« des Schlauches bezeichnen, indem eine Art Perforation das äußere Gewebe nass hält, diesen dadurch kühlt und vor Beschädigung schützen soll.

3.3.4 Nicht genormte Kupplungstypen

Der Vollständigkeit halber sei erwähnt, dass es bei den Feuerwehren in Europa verschiedene Kupplungssysteme gibt. Daran wird sich auch langfristig nichts ändern, da der Aufwand einer Vereinheitlichung viel zu groß wäre. In Grenzgebieten verfügen die Feuerwehren in der Regel über passende Übergangsstücke für die jeweils anderen Kupplungssysteme. Feuerwehren, die auch alternative Fördersysteme der Land- oder Bauwirtschaft (z.B. mit Perrot- Kupplungen) nutzen, halten ebenfalls entsprechende Übergangsstücke bereit. Insbesondere bei Hilfeleistungskontingenten, die im Ausland eingesetzt werden sollen, muss dieser Umstand im Vorfeld berücksichtigt werden und Maßnahmen ergriffen werden, um ausreichend Übergangsstücke vorzuhalten.

Bild 65 und 66: *Darstellung eines Düsenschlauches (links). Ein paar Beispiele von üblichen Kupplungssystemen im Brandschutzbereich in Europa (rechts, von unten nach oben): Englische Morris-Kupplung (unsymmetrische Kupplung), Französische Kupplung, US-Schraubkupplung nach NFPA.*

3.4 Wasserführende Armaturen

Es wird davon ausgegangen, dass die gängigen Armaturen der Feuerwehr bekannt sind, deshalb werden diese nachfolgend nur kurz angesprochen.

Absperrventil
Vereinfacht handelt es sich bei einem Absperrventil um ein Kugelventil (kann auch mit einem Niederschraubventil ausgestattet sein) mit festen Storz-Kupplungen auf beiden Gehäuseseiten.

Verteiler
Verteiler (DIN 14345) verteilen einen Volumenstrom von einer großen Leitung auf mehrere kleine Leitungen. Jede dieser Leitungen kann mittels Kugelhahn oder Niederschraubventil separat abgesperrt werden. Die Bezeichnung eines Verteilers gibt die Kupplungsgrößen an (z. B. B-CBC oder C-DCD). Bei Verteilern, die den Volumenstrom auf drei Leitungen verteilen, ist die mittlere Leitung im Querschnitt so groß wie die Zulaufleitung. Diese Leitung kann durch ein Übergangsstück reduziert werden. Ein Verteiler kann auch als Absperrventil verwendet werden.

Als Besonderheit gibt es den 2B-CBC-Verteiler (Bild 68). Dieser besitzt zwei B-Eingänge, wodurch er von zwei voneinander unabhängigen Feuerlöschkreiselpumpen gespeist werden kann. Bei Ausfall einer Versorgungsleitung oder Defekt einer Feuerlöschkreiselpumpe bleibt so die Löschwasserversorgung ohne Unterbrechung.

3 Wassertransport über Schlauchleitungen

Bild 67: *2B-CBC-Verteiler mit Anschlüssen für zwei B-Leitungen in der Ausführung mit Kugelhähnen*

Werden Kugelhähne zu schnell geöffnet, kann es zu Druckstößen in den Angriffsleitungen und am Strahlrohr kommen. Auch ein versehentliches Aufstoßen mit dem Fuß ist möglich und kann zu Unfällen führen. Aus diesem Grund wird die Verwendung von Verteilern mit Kugelhähnen, insbesondere bei großen Volumenströmen, nicht empfohlen.

Für die Verwendung speziell bei Vegetationsflächenbränden gibt es auch Verteiler der Größe C-CDC oder C-DD (nur zwei Abgänge). Hier werden vorrangig Kugelhähne eingesetzt.

3.4 Wasserführende Armaturen

Sammelstück

Sammelstücke (DIN SPEC 14355) dienen dazu, die Volumenströme mehrerer Zuleitungen zusammenzufassen. In ihrem Inneren befindet sich eine Ventilklappe, die durch den Wasserdruck den Zulauf verschließt, der nicht verwendet wird. Werden beide Zuläufe verwendet, wird die Ventilklappe in der Mittelstellung gehalten. Auf der Zulaufseite sind zwei B-Festkupplungen und auf der Abgangsseite eine bewegliche A-Kupplung montiert.

Achtung:
Aufgrund der Trinkwasserverordnung sind diese Sammelstücke nicht mehr zu verwenden, da eine Vermischung der beiden Volumenströme aus unterschiedlichen Quellen stattfinden kann. Stattdessen müssen die Zuläufe (B-Kupplungen) jeweils über eine eigene Rückschlagklappe verfügen.

Mit zunehmendem Volumenstrom nimmt der Reibungsverlust in einer Druckleitung deutlich zu. Um z. B. eine Pumpe mit einer Förderleistung von 3 000 l/min speisen zu können, reicht ein Sammelstück mit zwei B-Zuleitungen nicht mehr aus. Deshalb werden mittlerweile auch Sammelstücke als 3B-A- oder 4B-A-Version angeboten. Es gibt auch Ausführungen, die für F-Pumpeneingänge (ca. 150 mm, z. B. bei Industrielöschfahrzeugen) bestimmt sind. Diese Pumpen benötigen im Saugbetrieb F-Saugschläuche (6 Zoll = 152 mm) oder zwei A-Saugschläuche mit einem entsprechenden Sammelstück. Hier können auch zwei A-Druckleitungen oder über aufgesetzte 2B-A-Sammelstücke vier B-Druckleitungen angeschlossen werden (Bild 69).

3 Wassertransport über Schlauchleitungen

Bild 68: *Sammelstück 2A-F in Verbindung mit Sammelstück 2B-A zur Versorgung einer leistungsstarken Pumpe eines Industrielöschfahrzeugs*

Übergangsstück

Übergangsstücke sind Kupplungsteile mit jeweils einer großen und der nächst kleineren Kupplungsgröße, um unterschiedlich dicke Schlauchleitungen miteinander verbinden zu können oder z. B. eine dünne Schlauchleitung an einen größeren Pumpenabgang anzuschließen. Nach Norm unterscheidet man C-D-(DIN14341), B-C-(DIN 14342) sowie A-B-Übergangsstücke (DIN14343). Andere Maße, wie z. B. F auf A oder A 110 auf A125, sind ebenfalls erhältlich.

Saugkorb und Saugschutzkorb

Der Saugkorb (DIN 14362) wird an das Ende einer Saugleitung gekuppelt. Durch seine Gestaltung als Sieb wird sichergestellt, dass beim Saugen keine zu großen Fremdkörper in die Feuerlöschkreiselpumpe geraten können. Zudem besitzt der Saugkorb ein Rückschlagventil, das über eine Leine vom Ufer aus bedient werden kann. Dieses Ventil verhindert, dass sich die Saugleitung bei vorübergehendem Stillstand der Pumpe entleeren kann. Im Falle eines Defektes der Ansaugvorrichtung ist es möglich, durch Einfüllen von Wasser in die Saugleitung über einen Trichter an einem Pumpenabgang die Wasserförderung aufzunehmen.

Erfahrene Maschinisten ziehen am Ende des Einsatzes die Leine des Rückschlagventils noch während dem Betrieb der Pumpe und stellen diese erst anschließend ab. So müssen sie nicht gegen den statischen Druck bei Stillstand der Pumpe das Ventil öffnen (bei großen Saugtiefen ist das oft sehr schwer).

Der Saugschutzkorb ist ein Drahtgeflecht, das als Grobsieb über den Saugkorb gestülpt und mittels Gummizug gesichert wird.

Druckbegrenzungsventil

Das Druckbegrenzungsventil (DIN 14380) wird in eine Versorgungsleitung (B-Leitung) eingesetzt, um Druckspitzen zu verhindern. Einerseits sollen dadurch die nachfolgenden Druckschläuche und Armaturen geschont werden, andererseits können zu große Druckschwankungen am Strahlrohr zu Unfällen führen. Druckbegrenzungsventile haben einen seitlichen Abgang mit einer B-Kupplung, worüber ein Teil des sich stauenden und zu einem hohen Druck führenden Wassers abgeleitet wird. Durch ein Verstellorgan kann der Druck zwischen Null und 16 bar vorgewählt werden. Zweckmäßigerweise werden Druckbegrenzungsventile kurz vor einem Verteiler oder einer Verstärkerpumpe eingesetzt.

Hydroschild

Hydroschilde werden zur Abschirmung von Objekten gegenüber Wärmestrahlung, Rauch, Gase, Staub und Ähnlichem verwendet. Es gibt Hydroschilde für C- und B-Druckleitungen, die bei Wasserdurchflussmengen von 800 bis 1 800 l/min einen Bereich von etwa zehn Metern Höhe und bis zu 30 Metern Breite abdecken. Es muss also wie bei einem Wasserwerfer oder einem Düsenschlauch eine ausreichende Wasserversorgung vorhanden sein, um den Betrieb aufrecht erhalten zu können. Hinweis: bei französischen Waldbrandfahrzeugen sieht man gelegentlich den Einsatz von Hydroschilden zum Eigenschutz der Fahrzeuge. Diese sind in der Durchflussleistung deutlich geringer (ca. 30 – 40 l/min) und sind nur für diesen Zweck bestimmt.

Strahlrohr

Das Strahlrohr ist »das« Arbeitsgerät des Angriffstrupps zur Brandbekämpfung. Längst sind es nicht mehr nur Voll- und Mehrzweckstrahlrohre, sondern vor allem Hohlstrahlrohre, die in unterschiedlichen Leistungsstufen und Ausführungen eingesetzt werden. Da diese Armaturen nicht direkt zum Themengebiet dieses Roten Heftes gehören, wird hier auf die weiterführende Literatur verwiesen. Es sei ausdrücklich darauf hingewiesen, dass Vollstahlrohre der Größe B im Außenangriff, also zum Sichern eines Brandabschnittes oder der gezielten Brandbekämpfung, durchaus sinnvoller sein können als wesentlich teurere Hohlstrahlrohre gleicher Leistung, da die

3.4 Wasserführende Armaturen

Vollstrahlrohre in der Regel eine größere Wurfweite und deutlich bessere Zielgenauigkeit aufweisen.

Stützkrümmer
Der Stützkrümmer (DIN 14368) besteht aus einem bogenförmigen Gehäuse mit zwei B-Kupplungen (eine fest und eine drehbar). Ein Haltegriff, ein Sprossenhaken sowie eine Öse dienen der einfacheren Handhabung bzw. Sicherung. Der Stützkrümmer kann u. a. für folgende Aufgaben verwendet werden:

- Eingekuppelt zwischen einem B-Strahlrohr und einem B- Druckschlauch reduziert er die Rückstoßkräfte durch Ableitung auf den Boden erheblich.
- Bei geschickter Anordnung dient er als Kantenschutz.
- Zusammen mit einem Verteiler, einem B-Strahlrohr sowie einem C-Druckschlauch (dieser wird zur Stabilisierung zwischen dem linken und rechten Abgang des Verteilers in einem geschlossenen Ring verlegt) lässt sich ein behelfsmäßiger Wasserwerfer bauen.

Das Bild 69 zeigt die Armaturen und Hilfsmittel zur Wasserförderung von einem Hydranten bzw. einer Saugstelle bis zur Feuerlöschkreiselpumpe.

Systemtrenner und Rückschlagventile
Der mobile Systemtrenner B-FW muss nach DIN 14346 mit reduziertem Ausgangsdruck gegenüber dem Eingangsdruck konstruiert sein und muss zum Trinkwasserschutz zwischen

3 Wassertransport über Schlauchleitungen

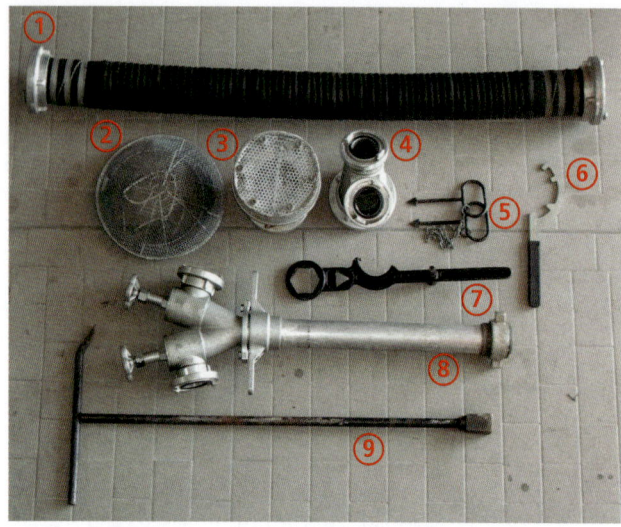

Bild 69: *Armaturen und Hilfsmittel zur Wasserförderung: 1 Saugschlauch; 2 Saugschutzkorb; 3 Saugkorb; 4 Sammelstück (Hosenstück); 5 Schachthaken; 6 Kupplungsschlüssel; 7 Schlüssel B (Ober- oder Überflurhydrantenschlüssel); 8 Standrohr; 9 Schlüssel C (Unterflurhydrantenschlüssel).*

den Abgängen von Standrohren oder Oberflurhydranten und den angeschlossenen Druckschläuchen eingesetzt werden. Dabei ist auf die Durchflussrichtung zu achten, um den sicheren Betrieb zu gewährleisten. Hinweis: Am Pumpeneingang müssen **zusätzlich** Sammelstücke mit einzeln abgesicherten Rückschlagklappen verwendet werden und wenn das Wasser direkt in den Tank eingeleitet wird, muss dieser mit dem entsprechenden freien Einlauf ausgestattet sein. Mobile Systemtrenner müssen (entsprechend der Norm) geeignet sein 1 600 l/min Durchfluss bei PN 16 (Nenndruck 16 bar) bei einem maximalen Druckverlust von 1 bar zu gewährleisten.

Hinweis: Ebenso erzeugen die Sammelstücke mit Rückschlagklappen einen Druckverlust von ebenfalls ca. 1 bar bei einem Durchfluss von ca. 2500 l/min. Es sollte daher ein ausreichender Druck am Hydranten vorhanden sein.

Hinweis: Bis zur Einführung der Systemtrenner mussten ersatzweise Rückschlagventile eingesetzt werden, die als mo-

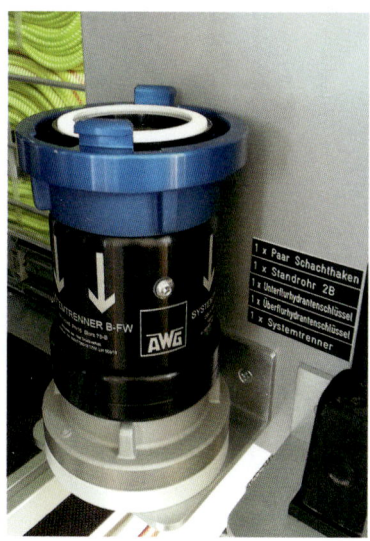

Bild 70: *Systemtrenner nach DIN 14346. Man beachte die Durchflussrichtung durch die Kennzeichnung der Kupplung und der Pfeil auf dem Gehäuse.*

bile Systeme (optisch ähnlich den Systemtrennern) angeboten wurden oder direkt im Standrohr (in Form von federbelasteten Tellern der Niederschraubventile) verbaut wurden. Diese Technik hat Bestandschutz und darf bis zur Aussonderung weiterverwendet werden. Es müssen dann als Ersatz verbindlich Systemtrenner beschafft werden.

Bild 71: *Oben: Rückschlagventil, Unten: A-2B-Sammelstück mit einzelnen Rückschlagklappen, Rechts: A-3B-Sammelstück mit einzelnen Rückschlagklappen*

Bei Systemtrennern ist zu beachten, dass diese im Betrieb immer wieder Wasser abgeben. Im Winter kann dies am Standrohr oder Hydranten zur Eisbildung führen.

3.5 Zubehör und Hilfsmittel

- **Kupplungsschlüssel** nach DIN 14822-2 dient zum Kuppeln von Schläuchen und Armaturen.
- **(Hydranten-)Schlüssel** B nach DIN 3223 dient zum Öffnen und Schließen von Überflurhydranten.
- **(Hydranten-)Schlüssel** C nach DIN 3223 dient zum Öffnen und Schließen von Unterflurhydranten.
- **Schachthaken** dienen zum Entfernen und Einsetzen von Schachtdeckeln.
- **Schachtdeckelheber** dienen zum Anheben eines fest sitzenden Deckels eines Unterflurhydranten
- **Schlauchbinden** können auf undichte Stellen eines Schlauches gepresst werden.
- **Schlauchtragegurte** dienen zum Fixieren und Tragen von gerollten Druckschläuchen (siehe auch Kapitel 3.6.2).
- **Schlauchtragekörbe** nach DIN 14827 dienen zum Lagern und Transport mehrerer zusammen gekuppelter Druckschläuche (siehe auch Kapitel 3.6.4).
- **Schlauchhaspeln** gibt es in trag- und fahrbaren Versionen. Sie dienen zum Lagern und Transport mehrerer zusammen gekuppelter Druckschläuche (siehe auch Kapitel 3.6.5).

3 Wassertransport über Schlauchleitungen

- **Schlauchrucksäcke und -tragetaschen** eignen sich besonders zum Transport von Schläuchen kleiner Dimensionen (C- und D-Druckschläuche) mit Zubehör (Verteiler, Absperrventile und/oder Strahlrohre) für den Einsatz im Gelände und in Gebirgsregionen
- Der **Schlauchkantenschutz** verhindert an scharfen Kanten eine Beschädigung von Schläuchen.
- **Schlauchbrücken** nach DIN 14820-1 aus Holz, Kunststoff oder Aluminium dienen als Überfahrhilfe für Kraftfahrzeuge, wenn Druckschläuche quer zur Fahrbahn verlegt werden müssen.
- **Schlauchüberführungen** können industriell gefertigt sein oder behelfsmäßig aus tragbaren Leitern, Leinen und Einreißhaken hergestellt werden (siehe auch Kapitel 3.8.4).
- **Schlauchklemmen** sind in Deutschland (noch) nicht üblich. Sie dienen dazu unter Druck stehende Schläuche ohne Absperrventile abzuklemmen, um diese z. B. verlängern zu können. Insbesondere bei Einsätzen im Gelände kann dies sehr hilfreich sein, um keinen Zeit- und Wasserverlust zu erhalten.

3.5 Zubehör und Hilfsmittel

Bild 72: *Mit einer Schlauchklemme kann an beliebiger Stelle eines Schlauches, dieser unter Druck abgeklemmt (d. h. der Durchfluss unterbrochen) werden, um eine Kupplung zu öffnen und die Schlauchleitung zu verlängern oder einen defekten Schlauch auszutauschen. (Foto: Alexander Maier, @fire)*

3 Wassertransport über Schlauchleitungen

3.6 Lagerung und Transport von Druckschläuchen

3.6.1 Vor- und Nachteile der Lagerungs- und Transportarten

Es gibt verschiedene Möglichkeiten, Druckschläuche (im Folgenden werden nur Faltschläuche behandelt) zu lagern bzw. zu transportieren. Sie können einfach oder doppelt gerollt, auf Haspeln aufgewickelt sowie in stehenden oder liegenden Buchten gelagert und transportiert werden. Jede dieser Lagerungsarten hat Vor- und Nachteile, die in der Tabelle 6 gegenübergestellt werden.

Tabelle 6: *Vor- und Nachteile der Lagerungsarten von Druckschläuchen*

Vorteile/ Nachteile/ Eigenschaften	Lagerungsart					
	gerollt		auf Haspel	in Buchten	in Schlaufen	
	einfach	doppelt		stehend	liegend	hängend
Knickstellen bei der Lagerung	keine	eine	keine	mehrere	mehrere	keine
einfache Entnahme jedes Schlauches	möglich	möglich	nicht möglich	nicht möglich	bedingt möglich	nicht möglich

3.6 Lagerung und Transport von Druckschläuchen

Tabelle 6: *Vor- und Nachteile der Lagerungsarten von Druckschläuchen – Fortsetzung*

Vorteile/ Nachteile/ Eigenschaften	Lagerungsart					
	gerollt		auf Haspel	in Buchten	in Schlaufen	
	einfach	doppelt		stehend	liegend	hängend
Legen langer Schlauchleitungen während der Fahrt	nicht möglich	bedingt möglich	möglich	möglich	möglich	bedingt möglich
Sichtkontrolle jedes Schlauches in der Lagerung	möglich	möglich	nicht möglich	nicht möglich	möglich	möglich
Platzbedarf im Verhältnis zur Schlauchlänge	mäßig	mäßig	groß	gering	gering	sehr groß

3.6.2 Lagerung als Rollschlauch

In Deutschland ist es üblich, Rollschläuche in Einzelfächern nebeneinander oder in Fächern mit doppelter Tiefe (zur Aufnahme von zwei gerollten Schläuchen) zu lagern. Zur Fixierung der Schläuche verfügen die Fächer an der Vorderseite in der Regel über einen Riemen. In Gebirgsregionen werden Rollschläuche manchmal auch mit Tragegurten oder Riemen in Aluminium- oder Kunststoffbehältern offen gelagert, um sie

3 Wassertransport über Schlauchleitungen

schnell und einfach entnehmen und auch über größere Strecken mit einer Hand tragen zu können.

Eine einfache und effektive Möglichkeit zum Fixieren und Tragen von Rollschläuchen bieten Endlosschlingen (Bild 74). Diese lassen sich auch als Schlauchhalter oder zur Kennzeichnung von Schlauchleitungen verwenden, wenn sie in unterschiedlichen Farben vorhanden sind.

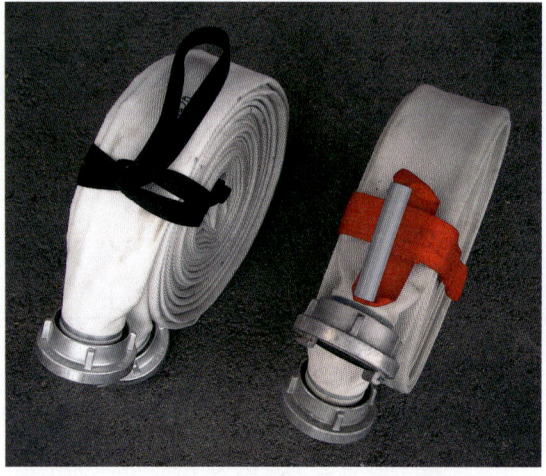

Bild 73: *Doppelt gerollter B-Druckschlauch mit Endlosschlinge (links) und mit Klett-Tragegurt (rechts)*

3.6 Lagerung und Transport von Druckschläuchen

Rollschläuche können aber auch ohne Hilfsmittel gerollt und fixiert werden, um sie wie eine Umhängetasche über der Schulter zu tragen. Dazu werden die Schläuche doppelt gerollt, am Anfang wird eine Schlaufe gelegt (Bild 74a). Ein Ende der Schlaufe wird über den Rollschlauch geführt und dadurch das andere Ende der Schlaufe gezogen. Die entstandene Schlaufe lässt sich als Trageschlaufe verwenden (Bild 74b). Diese Methode ist auch mit zwei bis drei gekuppelten Schläuchen möglich und empfiehlt sich dann, wenn Schläuche über große Entfernungen getragen werden müssen aber kein Transportmittel (Tragekorb, Haspel usw.) verwendet werden soll.

Bilder 74 a und b: *Der Schlauch wird doppelt gerollt, am Anfang wird eine Schlaufe gelegt. Ein Ende der Schlaufe wird über den Rollschlauch geführt und durch das andere Ende der Schlaufe gezogen. Anschließend kann der Schlauch wie eine Umhängetasche getragen werden.*

3 Wassertransport über Schlauchleitungen

3.6.3 Lagerung in gebuchteter Form

Die Lagerung von Schläuchen in Buchten ist in anderen Ländern weit verbreitet. Einfache Hilfsmittel, um in Buchten gelegte Schläuche zu fixieren, sind Riemen, Gummi-, Klettbänder oder einfach mit Kabelbinder oder Isolierband bzw. selbstklebenden Kreppband (Bild 76). Angriffstrupps können diese Schlauchpakete über dem Atemschutzgerät oder der Schulter tragen, wobei beide Hände frei bleiben. Nicht nur bei der Verwendung im Innenangriff ist diese Methode sinnvoll, sondern auch bei der Bereitstellung des Schlauches für Drehleitern lässt sich diese anwenden, um den Schlauch beim Ausziehen der Drehleiter sicher zu bewegen, indem der Schlauch als »kompakte Schnecke« hinter dem Leiterpakt liegt und aus der Mitte nach oben gezogen wird. Zum passgenauen Packen (abhängig vom Gerätefach oder der Anwendung) eignet sich ein Brett oder eine Latte mit aufgesetzten Zapfen über die der Schlauch gewickelt und dann fixiert werden kann.

3.6 Lagerung und Transport von Druckschläuchen

Bild 75: *Gestell mit Dornen zum schnellen Packen von gebuchteten Schläuchen für einen STK.*

3 Wassertransport über Schlauchleitungen

Bild 76: *Oben: Gelber Schlauch in Buchten gelegt auf einer (geöffneten) Tragetasche, Mitte: Oranger Schlauch als »Loop« (im Ring gelegt) für den Angriffstrupp mit wiederverwendbarem Tragegurt, Unten: C-Druckschläuche in einem Schlauchtragekorb aus Kunststoff (Hinweis: Dieser entspricht zwar den Maßen, aber bezüglich des Materials nicht der DIN)*

3.6 Lagerung und Transport von Druckschläuchen

Ebenfalls zum Zwecke einer verbesserten Handhabung gibt es Schlauchtragetaschen, in denen D-Druckschläuche mit dem benötigten Zubehör (Strahlrohr, Kupplungsschlüssel usw.) gelagert sind. Diese Taschen können mittels Tragegurt schnell und einfach transportiert werden (Bild 77).

Bild 77: *Eine Schlauchtragetasche für zwei D 15-Druckschläuche und einem Strahlrohr die auch als Umhängetasche getragen werden kann.*

3 Wassertransport über Schlauchleitungen

Bild 78: *Darstellung der Methode »Progressiv Hoselay«. In diesem Fall werden speziell dafür entwickelte Rucksäcke verwendet. Es eignen sich aber z. B. auch einfache Bundeswehr-Rucksäcke dafür. Im Vordergrund ist der leere Rucksack zu sehen. In diesem Fall läuft ein C-Druckschlauch mit C-DCD-Verteiler und anschließend eine D-Druckschlauchleitung mit Strahlrohr (als Schlauchpaket gebunden) aus der offenen Klappe unten links. Daran kann der C-Druckschlauch des nächsten Rucksackträgers angeschlossen werden und der Vorgang wird wiederholt. So können große Strecken, auch im unwegsamen Gelände, schnell überwunden werden.*

Eine Methode, die in den USA schon länger praktiziert wird, etabliert sich zunehmend auch in Europa bzw. in Deutschland, um eine effektive Verlegung von Angriffsschläuchen in unwegsamen Gelände bei der Bekämpfung von Vegetationsbränden

3.6 Lagerung und Transport von Druckschläuchen

vornehmen zu können. Diese Methode wird in den USA als »Progressiv Hoselay« bezeichnet (Bild 78) und wird z. B. auch durch @fire gelehrt. Dabei sind die Schläuche in einem Rucksack gefaltet eingelegt und können so während dem Lauf ausgelegt werden. Wenn die Schläuche gleich mit Verteiler und/oder Strahlrohr(en) verbunden sind, lassen sich verschiedene Kombinationen im Vorgehen mit mehreren Rucksäcken und Einsatzkräften darstellen.

3.6.4 Schlauchtragekörbe

Anstelle von tragbaren Haspeln werden Normfahrzeuge heute nur noch mit Schlauchtragekörben (STK) nach DIN 14827 ausgerüstet. Die Vorteile eines Schlauchtragekorbes liegen in der wesentlich kompakteren Bauart und der Eigenschaft, dass eine Person alleine mehrere Schläuche (auch über eine Treppe) tragen und auslegen kann. Bei liegender Lagerung der Schlauchtragekörbe können die Schläuche – ähnlich wie bei einem Schnellangriff – aus dem Tragekorb gezogen werden. Nachteilig ist das etwas umständliche Aufrüsten der Tragekörbe, das in der Praxis nur von zwei Personen effektiv bewerkstelligt werden kann.

Seit geraumer Zeit gibt es einen Schlauchtragekorb in dem drei Rollschläuche (anstelle gebuchtet) gelagert werden können, der aber nur in den Abmaßen der DIN 14827 entspricht (Hinweis: die übrigen Anforderungen, wie z. B. Gitterstababstände oder klappbarer Deckel werden nicht erfüllt). Mittels einer Kurbel können die Schläuche ohne große Mühe eingewickelt werden. Aus diesem Grund wird dieser Korb auch als

3 Wassertransport über Schlauchleitungen

»Schlauchwickelkorb« bezeichnet (Bild 79). Es ist auf die genaue Reihenfolge und Lage der Kupplungen zu achten, damit die Schläuche sauber auslaufen.

Bilder 79 und 80: *Eine transportable Halteplatte an der Aufstiegsleiter eines Löschfahrzeugs erleichtert die Bestückung des Schlauchwickelkorbes (links). Verschiedene Lagerungsarten für Feuerwehrschläuche (rechts): die Lagerung von Rollschläuchen in Fächern, die Lagerung auf einer tragbaren Haspel, die Lagerung am Heck auf einer fahrbaren Haspel sowie die Lagerung in kurzen und langen C- Schlauchtragekörben.*

Zum schnellen Auslegen in Buchten kann eine Person die Kupplungen (am Verteiler) festhalten, während eine zweite Person mit dem Schlauchwickelkorb in Richtung Brandstelle

3.6 Lagerung und Transport von Druckschläuchen

läuft und die Schläuche dabei parallel auslegt. Aus eigener Erfahrung sollte dies aber geübt werden und die beiden Feuerwehrangehörigen müssen sich absprechen, da sich eine Kupplung verhaken kann, was dann zu Verzögerungen in der Bereitstellung der Schläuche führen könnte. Da in einem Löschfahrzeug mindestens drei, meistens sogar vier, STK mitgeführt werden, kann es sinnvoll sein z. B. einen STK als Korb mit klappbaren Deckel für den Angriffstrupp neben den Schlauchwickelkörben zu verladen.

Nach DIN 14827 gibt es Schlauchtragekörbe für B- und C-Schläuche in der Größe 870 x 520 mm (Länge x Höhe) und einer Breite von 145 mm (B-Schläuche) und 115 mm (C-Schläuche). C-Schlauchtragekörbe gibt es zudem auch in einer Länge von 430 mm, wobei zwei dieser kurzen Tragekörbe in die Halterung eines normalen C-Tragekorbes passen (Bild 81). Die kurzen C-Schlauchtragekörbe können entweder mit zwei 15 Meter langen C-Druckschläuchen oder drei 20 Meter langen D-Druckschläuchen (mit einem Trennblech) bestückt werden. Insbesondere für die Verwendung bei Nachlöscharbeiten oder bei Vegetationsbränden haben sich diese kleinen STK schon sehr bewährt.

Eine preiswerte Alternative sind ausgemusterte Schaummittelkanister, die einseitig aufgeschnitten werden und anstelle eines Kanisters im Fahrzeug, ohne Umbau oder spezieller Halterung, im Fahrzeug mitgeführt werden können. Siehe dazu Bild 64.

3 Wassertransport über Schlauchleitungen

Bild 81: *Fahrbare Schlauchhaspeln nach DIN14826 sind so schmal, dass zwei Haspeln an einem Fahrzeug mitgeführt werden können. Teilweise sind die Haspeln auch mit Armaturen zur Löschwasserentnahme bestückt. Hier dargestellt eine Ein-Personen-Haspel links mit Hydrantengarnitur (in roter Plane vor Verschmutzung eingepackt) und zwei Systemtrenner am Bedienbügel. Rechts ein Geräteträger zur Verkehrsabsicherung.*

3.6 Lagerung und Transport von Druckschläuchen

3.6.5 Lagerung auf Haspeln

Das Verlegen von Schlauchleitungen auf befestigten Wegen erfolgt am schnellsten und effektivsten mit fahrbaren Haspeln. Die DIN 14826 legt deren Maße, Gewichte, Anforderungen, Anschlussmaße usw. fest. Heute sind nur noch Ein-Personen-Haspeln genormt, die Norm der breiten fahrbaren Haspel wurde zurückgezogen. Ein-Personen-Haspeln sind maximal einen Meter breit. Somit können zwei Haspeln bzw. Transporteinheiten (z. B. als Geräteträger für Verkehrsabsicherungsgeräte) an einem Fahrzeugheck gelagert werden (Bild 82).

Es gibt auch Ein-Personen-Geräteträger (es wird das genormte Fahrgestell genutzt), in dem anstelle des Haspelkörpers ein Kasten mit Fächern für Schlauchtragekörbe montiert ist. Die sogenannte »Angriffstrupphaspel« ist beispielsweise mit fünf C-Schlauchtragekörben mit jeweils zwei C-Schläuchen, einem Verteiler sowie Geräten für den Angriffstrupp (Strahlrohre, Brechwerkzeug, Übergangsstücke, Kupplungsschlüssel, Türkeile usw.), die in einem witterungsgeschützten Fach gelagert werden, bestückt (Bilder 82 und 83).

3 Wassertransport über Schlauchleitungen

Bild 82: *Mit dieser »Angriffstrupphaspel« können fünf Schlauchtragekörbe mit je zwei C-Druckschläuchen transportiert werden. (Foto: Firma Barth)*

3.6 Lagerung und Transport von Druckschläuchen

Bild 83: *Im hinteren Kasten des Geräteträgers werden witterungsgeschützt verschiedene Ausrüstungsgegenstände für den Angriffstrupp gelagert. (Foto: Firma Barth)*

3.6.6 Verlegen von Schläuchen mit Haspeln

In einigen Ländern gibt es spezielle Schlauchverlegefahrzeuge mit Schlauchhaspeln oder -trommeln. Mit diesen Fahrzeugen lassen sich Schläuche transportieren, verlegen und während der Fahrt wieder aufnehmen. Bedingt durch die während des Verlegens auftretenden Massen- und Radienänderungen werden allerdings Unwuchten erzeugt, die über das Aufnahmegestell der Haspel an das Fahrgestell übertragen werden. Insbesondere bei Anhängern wirkt sich dieses Problem sehr nachteilig auf das Fahrverhalten aus, da hier der Unterschied

3 Wassertransport über Schlauchleitungen

Bild 84: *Anhänger mit Schlauchhaspel. Die Größe der Haspel und die Anzahl der Schläuche lässt die Masse im Verhältnis zum leichten Anhänger erahnen.*

der »bewegten Masse« der Haspel zur »Fahrzeugbasismasse« besonders groß ist (Bild 84). Zudem muss sich die Drehzahl der Schlauchhaspel nicht nur in Abhängigkeit von der gefahrenen Geschwindigkeit, sondern auch in Abhängigkeit von der bereits verlegten Schlauchlänge ändern. Ein »Ablaufen lassen«

3.6 Lagerung und Transport von Druckschläuchen

ist somit nicht möglich; stattdessen wird eine Bremse bzw. ein geregelter Antrieb benötigt.

Die Überwachung des Auslegens erfolgt meist von einem Standbrett am Fahrzeugheck. Da die Schlauchleitung fast über die gesamte Fahrzeugbreite abläuft, kann es hierbei zu einer Gefährdung des Beobachters kommen, außerdem wird viel Raum auf der Straße benötigt.

Die äußere Lage der Schläuche ist oft Witterungseinflüssen ungeschützt ausgesetzt. Auch werden die unteren Lagen

Bild 85: *Nicht selten kommt es zu einem Stau oder zum »Überlaufen« einer Schlauchwicklung und damit zu einem Problem im Arbeitsablauf.*

häufig nicht verwendet, da nicht immer alle Schläuche benötigt werden. Die Schläuche sind oft hohen mechanischen Belastungen ausgesetzt und häufig bildet sich Schimmel, wenn sie feucht aufgenommen werden. Eine turnusmäßige Überprüfung der gesamten Schlauchlänge ist deshalb unerlässlich, aber aufwändig.

3.7 Verlegen von Schlauchleitungen

3.7.1 Verlegen von gebuchteten Schläuchen aus dem Fahrzeug

In einigen Ländern (z. B. USA und Kanada) werden zur Verlegung von Schlauchleitungen über lange Wegstrecken Schlauchwagen oder Löschfahrzeuge mit »Schlauchbetten« verwendet. Die Druckschläuche werden zusammengekuppelt in losen Buchten in die »Betten« gelegt und lassen sich so während der Fahrt verlegen. Der Vorteil dieser Technik besteht vor allem im einfachen und damit preiswerten Aufbau der Fahrzeuge; teilweise wird nur eine Plane als Witterungsschutz verwendet. Die Fahrzeuge lassen sich allerdings nicht für Nachschubaufgaben einsetzen, da sie nicht schnell genug be- und entladen werden können.

Bei den beschriebenen Fahrzeugen gibt es verschiedene Arten der Schlauchlagerung (U-förmig, Zick-Zack, stehende Buchten, liegende Buchten usw.). Dabei wird unterschieden zwischen dem »hose bed« am Heck, in dem vorrangig die großen Schläuche zur Wasserförderung gelagert werden, und den »crosslays« (= Angriffsleitungen), die vor dem »hose bed«

3.7 Verlegen von Schlauchleitungen

quer zur Fahrtrichtung über die gesamte Fahrzeugbreite angeordnet sind (Bild 86).

Bild 86: *Bei diesem amerikanischen Löschfahrzeug sind im Heck in Buchten die Schläuche zur Wasserförderung gelagert und hinter der Kabine die »crosslays«, die der Mannschaft als Angriffsleitungen dienen. Die Schläuche sind in Längsrichtung, liegend im »Zick-Zack« gelagert und laufen von links nach oder umgekehrt oder von beiden Seiten (= doppelte Leitung bei einer Fahrt), je nach Beginn der Entnahme.*

In Deutschland entfielen 1991 im Zuge der Typenreduzierung die Schlauchwagen SW 1000 (Bild 87) und SW 2000 (Staffel), sodass bis zur Veröffentlichung der DIN 14555–22 (Gerätewagen Logistik GW-L2) im Jahr 2005 nur noch der SW 2000-Tr genormt war. Die Aufgaben der bisherigen Schlauchwagen werden nun vom GW-L2 wahrgenommen, der mit einem Ausrüstungsmodul »Wasserversorgung« nach Tabelle 2 der DIN 14555–22 beladen werden kann. Die Norm für den SW 2000-Tr wurde zurückgezogen. Das Bundesamt für Bevölkerungsschutz und Katstrophenhilfe beschafft auf der Grundlage der zurückgezogenen DIN 14565 wieder Schlauchwagen SW-KatS.

Bild 87: *Schubladen eines SW 1000 zur Aufnahme von Druckschläuchen. Die Schläuche sind dabei in »Hufeisenform« bzw. »U-Förmig« gelagert. Dabei laufen die Schläuche von der Mitte nach außen auf der Schublade, aber immer in der Mitte nach hinten aus. (Foto: H. de Vries)*

3.7 Verlegen von Schlauchleitungen

Beim GW-L2 sind zwei Varianten möglich, entweder als Fahrgestell mit geschlossenem Kofferaufbau oder als Pritschenfahrzeug mit Plane und Gerätekasten zwischen Kabine und Pritsche. Die Norm fordert eine Ladebordwand, die allerdings die Geländefähigkeit einschränkt. Außerdem steht sie beim Verlegen der Schlauchleitung weit nach hinten über, was beim Befahren von engen Kurven zu Problemen führen kann und eine akute Gefährdung für andere Verkehrsteilnehmer darstellt. Deshalb fordert die Norm für alle GW-L2, die als Schlauchwagen verwendet werden, eine geteilte Ladebordwand.

Die Schläuche werden in Rollcontainern gelagert, die auch unabhängig vom Fahrzeug eingesetzt werden können. Wenn sie doppelt gerollt miteinander gekuppelt sind, können Überprüfungen oder Umlagerungen schnell und einfach vorgenommen werden. Die Rollcontainer lassen sich aus dem Fahrzeug rollen und gegen andere, befüllte Container austauschen. Der Tausch von Schläuchen nach einem Einsatz kann so schnell und personalsparend durchgeführt werden, das Umlagern von einem Regal entfällt. Um die Beladung der Rollcontainer zu erleichtern, sind deren Rahmen in zwei Ebenen unterteilt. Der obere Aufsatz kann abgenommen und von vier Feuerwehrangehörigen getragen werden (Bild 88).

Merke:
Beim Auslegen von Druckschläuchen aus Rollcontainern während der Fahrt muss beachtet werden, dass die Schläuche frei auslaufen können und die Kupplungen nicht auf der Ladebordwand aufschlagen.

3 Wassertransport über Schlauchleitungen

Bild 88: *Diese Rollcontainer sind dazu geeignet, doppelt gerollte und gekuppelte B-Druckschläuche aufzunehmen. Der Aufsatz kann zur einfacheren Beladung abgenommen und voll bestückt von vier Feuerwehrangehörigen getragen werden.*

Während der Fahrt können sowohl einfache als auch doppelte bzw. mehrfache Leitungen gelegt werden. Dazu fährt das Fahrzeug mit zügiger Schrittgeschwindigkeit (6 bis 10 km/h) die Wegstrecke von der Wasserentnahmestelle zur Brandstelle und legt dabei die erforderliche(n) Schlauchleitung(en) aus.

Speziell die Schlauchwagen des Katastrophenschutzes zeichnen sich durch ihre Zweckmäßigkeit und Flexibilität aus. Die auf diesen Fahrzeugen verlasteten 6-Personen-Schlauch-

3.7 Verlegen von Schlauchleitungen

tragekörbe ermöglichen das Verlegen einer Schlauchleitung zu Fuß in schwierigem Gelände oder in ausgedehnten Bauwerken wie z. B. Tunneln (Bild 89).

Bild 89: *Die Schlauchwagen des Katastrophenschutzes verfügen über 6-Personen-Schlauchtragekörbe in denen die Schläuche als stehende Buchten gelagert sind. Einfach und Mehrfachleitungen sind so darstellbar und das Aufpacken wird erheblich vereinfacht.*

3 Wassertransport über Schlauchleitungen

3.8 Praktisches Arbeiten mit Schlauchleitungen

Grundsätze für eine Wasserförderung über lange Wegstrecken:

- Einrichtung eines separaten Abschnitts »Wasserversorgung«, der von einem geeigneten Abschnittsleiter geführt wird.
- Absicherung von Schlauchbrücken, Schlauchüberführungen, Pumpen usw. durch Warndreiecke, Verkehrsleitkegel, Warnleuchten oder anderes geeignetes Absicherungsgerät und – wenn notwendig – Abstellung eines Sicherungspostens mit Warnkleidung und Winkerkelle (dies ist besonders an Schlauchbrücken dringend zu empfehlen).
- Jeder Maschinist an einer Verstärkerpumpe sollte über ein Funkgerät verfügen.
- Pro Teilabschnitt der Förderstrecke sollte eine Schlauchaufsicht (mindestens eine Person, nicht der Maschinist einer Verstärkerpumpe) vorgesehen werden, die mit einem Funkgerät ausgestattet ist.
- Pro Teilabschnitt sollten mindestens zwei Druckschläuche als Ausfallreserve vorgehalten werden (besser: ein Druckschlauch pro 100 Meter Förderstrecke).
- Am Ende eines jeden Teilabschnitts muss ein Druckbegrenzungsventil, das auf zwei bar eingestellt ist, mit einem Abgangsschlauch und einem Verteiler eingebaut werden.

3.8 Praktisches Arbeiten mit Schlauchleitungen

3.8.1 Schläuche über Hindernisse verlegen

Trotz der hohen Anforderungen an die mechanische Belastbarkeit von Druckschläuchen sind diese gegenüber scharfen Kanten und rauen Untergründen sehr empfindlich. Beim Verlegen über Hindernisse sollte deshalb immer darauf geachtet werden, dass die Schläuche nicht scheuern, reiben oder zu stark gezogen werden. Auch bei Druckstößen können sich Schläuche auf scharfen Kanten bewegen und damit Schaden nehmen. Sie sollten nach Möglichkeit nicht über Flächen gezogen werden, sondern ausgelegt bzw. ausgerollt werden, bevor die Schlauchleitung gefüllt wird.

> **Merke:**
> Eine Schlauchleitung in höher gelegene Geschosse darf nie frei im Treppenraum hängen, sondern muss immer mit Schlauchhaltern fixiert werden (mindestens unter den Kupplungspaaren), um eine Zugentlastung zu erreichen.

3.8.2 Schläuche über Straßen verlegen

Schlauchleitungen sollten grundsätzlich nur auf einer Straßenseite verlegt werden, um den Verkehr nicht zu behindern. Ist dies nicht möglich, weil z.B. der Hydrant auf der gegenüberliegenden Straßenseite benutzt werden muss, ist die Leitung ausreichend abzusichern. Zu diesem Zweck werden Schlauchbrücken nach DIN 14820 Teil 1 (Holz, Gewicht zirka 11 kg) oder Teil 2 (Aluminium, Gewicht zirka 17 kg) eingesetzt, die zwei B-Druckleitungen aufnehmen können. Zusätzlich sind ausreichende Verkehrsabsicherungsmaßnahmen (mindestens 50 Meter vor dem Hindernis sowie Ausleuchtung bei Nacht) durchzuführen. An den Schlauchbrücken muss ein Posten zum Anweisen der Fahrer eingesetzt oder die Überwachung an die Polizei übergeben werden.

Schlauchbrücken dürfen nur mit Schrittgeschwindigkeit überfahren werden. Fahrzeuge mit geringer Bodenfreiheit (Spoiler) sollten diese nicht benutzen. Um sicherzustellen, dass kleine Pkw und große Lkw gleichermaßen das Hindernis passieren können, sollten mindestens drei, eventuell auch mehr Schlauchbrücken eingesetzt werden. Für A- und F-Druckschläuche gibt es separate Schlauchbrücken.

3.8.3 Schläuche über Schienen verlegen

Das Verlegen von Schläuchen über Schienen ist in der Regel nicht möglich – außer bei einer Vollsperrung der Strecke. Bei wenig befahrenen Nebenstrecken oder Industriegleisen kann eventuell nach Untergraben der Gleise zwischen zwei Gleisschwellen ein Druckschlauch durchgeführt werden. Dies darf aber nur in Absprache mit der zuständigen Bahnaufsicht (Notfallmanager der Bahn) und unter größten Sicherheitsvorkehrungen für die eingesetzten Kräfte erfolgen. Vor dem Betreten des Gleiskörpers ist in jedem Fall die Bestätigung der Vollsperrung der Stecke abzuwarten. Es kann sinnvoll sein, gleich zwei Druckschläuche zu verlegen, um im Falle eines Schlauchdefektes die Strecke nicht nochmals sperren zu müssen. Nach erfolgter Verlegung der Druckschläuche kann die Strecke wieder für den Bahnverkehr freigegeben werden.

3.8 Praktisches Arbeiten mit Schlauchleitungen

3.8.4 Schlauchüberführungen

Bei einer Wasserförderung über lange Wegstrecken kommt es vor, dass eine Straße oder ein Hindernis überquert werden muss und dies nicht mit Schlauchbrücken erfolgen soll oder kann. Hier können spezielle Schlauchüberführungen oder auch Hubrettungsfahrzeuge eingesetzt werden, wenn diese nicht in die unmittelbare Brandbekämpfung eingebunden sind.

Wenn Schlauchüberführungen nicht oder nicht in ausreichender Anzahl zur Verfügung stehen, können diese durch die Verwendung von Leitern auch behelfsmäßig errichtet werden. Schlauchüberführungen über Straßen können mit zwei Bockleitern (bestehend aus Steck- oder Multifunktionsleiterteilen) und einer aufgelegten Leiter, gesichert durch Leinen, erstellt werden. Alternativ können auch je zwei Steck- oder Multifunktionsleiterteile und ein Einreißhaken, die mit Leinen verspannt werden, verwendet werden (Bild 90).

3.8.5 Schläuche gegen Abrutschen sichern

Mit Wasser gefüllte Schlauchleitungen sind relativ schwer. Ein gefüllter B-20-Druckschlauch wiegt beispielsweise etwa 100 Kilogramm. An Schrägen, Hängen, Treppen usw. sollte man Schlauchleitungen daher immer gegen Abrutschen sichern. Am einfachsten geschieht dies mit einem Seilschlauchhalter (DIN 14828) oder einem Bindestrick. Auch Schlauchtragegurte eignen sich dazu. Wichtig ist, dass die Sicherung möglichst immer unterhalb eines Kupplungspaares erfolgt, da die Schläuche sonst – vor allem bei Druckstößen – durchrutschen könnten.

3 Wassertransport über Schlauchleitungen

Bild 90: *Einfach und doch wirkungsvoll – eine behelfsmäßige Schlauchüberführung mittels Steckleiterteilen und Einreißhaken*

3.8.6 Kennzeichnung von Schlauchleitungen

An großen Einsatzstellen ist es oft schwer, die Zugehörigkeit von Schlauchleitungen zu Pumpen oder zu einzelnen Angriffsleitungen unterscheiden zu können. Eine einfache Methode ist die Einfärbung von Schläuchen oder deren Kupplungen, die dann allerdings beim Gebrauch und der Verlastung auf Fahrzeugen konsequent eingehalten werden muss. Es kann durch-

3.8 Praktisches Arbeiten mit Schlauchleitungen

aus sinnvoll sein, auf einem Schlauchwagen beispielsweise auf der einen Seite rote Schläuche und auf der anderen weiße Schläuche zu lagern, wenn häufig Doppelleitungen verlegt werden. Die Maschinisten der Verstärkerpumpen können dann zweifelsfrei die richtige Leitung schließen oder freigeben. Eine ebenfalls sehr praktikable Methode ist die Verwendung von beweglichen Kennzeichnungen wie Gummibändern oder Bindestricken, die an den Enden der Schläuche befestigt werden.

4 Auslegung der Wasserförderung

4.1 Abschätzen der benötigten Wasserförderleistung

Die erforderliche Löschwassermenge ist abhängig von der Anzahl und Art der eingesetzten Strahlrohre, Wasserwerfer oder Monitore, also vom Bedarf der Verbraucher. Dies können auch Sprinkleranlagen, Hydroschilde oder Löschlanzen sein, je nachdem, mit welcher Methode das Löschwasser auf das Brandgut auf- bzw. eingebracht wird. Der Spitzenverbrauch an Löschwasser muss also bekannt sein.

Ist die benötigte Löschwassermenge bekannt, lassen sich Anzahl und erforderliche Leistungsmerkmale der Feuerlöschkreiselpumpen bestimmen. Bei einem großen Löschwasserbedarf kann es erforderlich sein, mehrere Pumpen parallel zu betreiben. Zu beachten ist auch, dass die Volumenströme beispielsweise bei 5 bar wesentlich geringer sind als bei 8 bar.

Es sollte grundsätzlich immer von der größten Durchflussmenge der wasserabgebenden Armaturen ausgegangen werden. Dabei geht es nicht um die exakte Literleistung der einzelnen Armaturen, sondern um das überschlägige Gesamtvolumen. Bei Vollstrahlrohren war diese Rechnung einfach: pro eingesetztem C-Rohr wurde mit 100 l/min (ohne Mundstück 200 l/min), pro B-Rohr mit 400 l/min (ohne Mundstück 800 l/min) gerechnet.

4.1 Abschätzen der benötigten Wasserförderleistung

Bei Hohlstrahlrohren kann als Anhaltswert für die Größe C ein Maximalwert von 400 l/min und für die Größe B von 900 l/min angesetzt werden. Tatsächlich werden es zirka 250 bis 300 l/min bzw. 500 bis 600 l/min sein. Hydroschilde der Größe C verbrauchen etwa 800 l/min bei 5 bar und etwa 1 100 l/min bei 8 bar. Hydroschilde der Größe B liegen bei zirka 1 400 l/min bei 5 bar und zirka 1 700 l/min bei 8 bar. Schaumstrahlrohre der Größe C haben einen Wasserbedarf von etwa 200 l/min, Ausführungen der Größe B benötigen rund 800 l/min.

Die Leistung von Wasserwerfern ist sehr unterschiedlich. Tragbare Werfer können etwa 1 200 bis 4 500 l/min, fahrbare Werfer etwa 4 800 bis 6 000 l/min und spezielle Werfer für die Industriebrandbekämpfung bis zu etwa 25 000 l/min ausbringen.

Die Größe und Anzahl der benötigten Schlauchleitungen richtet sich ebenfalls nach dem Löschwasserbedarf. B-Druckschläuche ermöglichen einen Förderstrom von etwa 800 l/min. Der gesamte Löschwasserbedarf an einer Einsatzstelle geteilt durch 800 l/min ergibt also die Anzahl der erforderlichen, parallel zu verlegenden B-Druckleitungen.

Bei einem großen Löschwasserbedarf kann es durchaus sinnvoll sein, über Alternativen (z. B. THW-Havariepumpen) nachzudenken. Entsprechend der Einsatzsituation kann es auch erforderlich sein, größere Schlauchquerschnitte zu wählen. Als Anhaltswert sollte mit folgenden Volumenströmen gerechnet werden:

4 Auslegung der Wasserförderung

C-Druckschläuche	100 – 400	l/min
B-Druckschläuche	400 – 1 200	l/min
A-Druckschläuche	1 200 – 3 000	l/min
F-Druckschläuche	4 000 – 5 000	l/min

Die Tabelle 7 gibt eine Hilfestellung für die Abschätzung des Löschwasserbedarfs bei verschiedenen Objekten.

Tabelle 7: *Objektbezogener Löschwasserbedarf (Hinweis: Die angegebenen Werte dienen lediglich der Abschätzung des Löschwasserbedarfs. Je nach Objekt und Lage kann die tatsächlich benötigte Löschwassermenge auch erheblich abweichen.)*

Objektbeschreibung	Löschwasserbedarf
Lauben, kleine Hütten	400 l/min für mind. 30 min
Kleine freistehende Gebäude	600 l/min für mind. 60 min
Wohngebäude < 3 Geschosse	800 l/min für mind. 60 min
Wohngebäude < 3 Geschosse und teilweise Geschäfte oder Gewerbebetriebe	1 000 l/min für mind. 120 min
Geschäfts- oder Gewerbegebäude mit < 3 Geschossen, Wohngebäude mit < 3 Geschossen einschließlich Geschäften oder Gewerbebetrieben	1 600 l/min für mind. 120 min

Tabelle 7: *Objektbezogener Löschwasserbedarf (Hinweis: Die angegebenen Werte dienen lediglich der Abschätzung des Löschwasserbedarfs. Je nach Objekt und Lage kann die tatsächlich benötigte Löschwassermenge auch erheblich abweichen.) – Fortsetzung*

Objektbeschreibung	Löschwasserbedarf
Geschäfts- oder Gewerbegebäude mit > 3 Geschossen, Industrie- oder Lagergebäude ohne übergroße Brandabschnitte, Warenhäuser, Versammlungsstätten, Ausstellungsbauten, Museen und Ähnliches	3 200 l/min für mind. 120 min
Industrie- und Lagergebäude mit übergroßen Brandabschnitten, Holzlagerplätze oder vergleichbare bauliche Anlagen	> 3 200 l/min für > 120 min (im Einzelfall festzulegen)

4.2 Einsatzplanung zur Wasserversorgung

In der Regel kennen die örtlichen Feuerwehren die Objekte und Bereiche, bei denen im Brandfall eine Wasserförderung über lange Wegstrecken notwendig ist. Hier ist es unumgänglich, nach einer Begehung eine Planung zur Wasserversorgung durchzuführen und diese in einem Feuerwehreinsatzplan zu dokumentieren. Wichtig ist hierbei, dass der Plan zur Löschwasserversorgung als separater Teil dem Einsatzplan entnommen und so dem Abschnittsleiter »Wasserversorgung« übergeben werden kann. In einem Plan zur Wasserversorgung sollten mindestens folgende Informationen enthalten sein:

4 Auslegung der Wasserförderung

- geeigneter Kartenausschnitt mit Höhenlinien oder Lageskizze,
- Festlegung der Wasserentnahmestelle(n),
- Festlegung der Pumpenstandorte und -abstände,
- Festlegung der Anzahl benötigter Schläuche,
- Festlegung der Standorte von Reserveschläuchen und Reservepumpen,
- Festlegung der Kraftstoffversorgung,
- Aufgabenverteilung der eingesetzten Kräfte und Fahrzeuge,
- Bestimmung eines (ortskundigen) Abschnittsleiters,
- Festlegung der Lotsenplätze,
- Festlegung des Funkkanals, Funkgruppe bzw. der Kommunikationswege,
- Bestimmung einer Schlauchaufsicht (eventuell mit einem geeigneten Fahrzeug, Fahrrad oder Krad).

In einem Plan zur Wasserversorgung mittels Pendelverkehr sollten zusätzlich folgende Informationen aufgenommen werden:

- Festlegung der Fahrstrecke (möglichst Einbahnstraßenregelung),
- Festlegung der Ausweichstellen,
- Festlegung der Aufstell- und Rangierflächen,
- Festlegung der Pendelfahrzeuge,
- spezielle Anweisungen für die Fahrer (Geschwindigkeit, Benutzung Sondersignal usw.).

>
> **Praxistipp:**
> Zur Dokumentation eines Standortes (z.B. einer Verstärkerpumpe) kann auch eine Digitalkamera mit GPS-Signalspeicher verwendet werden. Dabei wird der exakte Standort mit einem Foto und den entsprechenden GPS-Koordinaten gespeichert.

4.3 Festlegung der Pumpenabstände

Bei einer Wasserförderung über lange Schlauchstrecken ist die richtige Positionierung der Verstärkerpumpen entscheidend für den Einsatzerfolg. Die Festlegung der Pumpenstandorte sollte bei kritischen Objekten bereits im Vorfeld im Rahmen von Übungen erfolgen und anschließend in Einsatzplänen dokumentiert werden.

4.3.1 Schätzwertverfahren

In Bayern verwenden Feuerwehren zur Festlegung der Standorte von Verstärkerpumpen häufig das so genannte Schätzwertverfahren mittels Schätzlineal (Bild 92). Dabei werden überschlägig sowohl die Reibungsverluste – bezogen auf festgelegte Volumenströme der Schlauchleitungen – als auch Geländeanstiege oder -gefälle berücksichtigt.

4 Auslegung der Wasserförderung

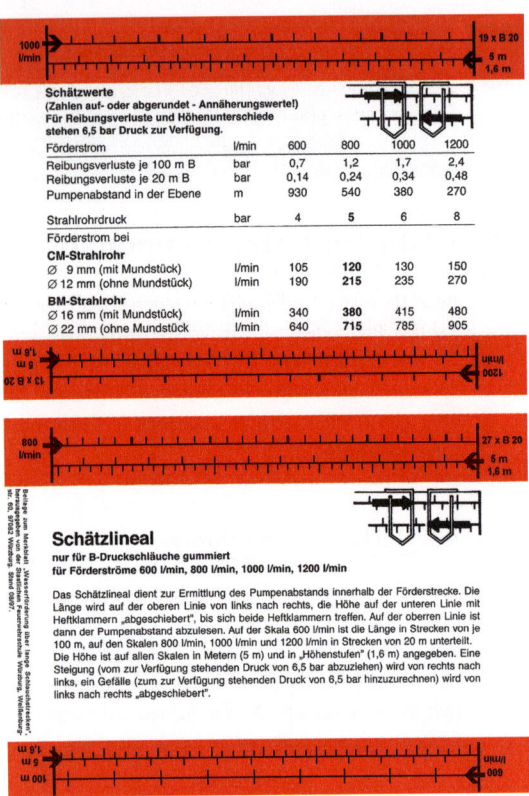

Bild 91: *Schätzlineal, Vorder- und Rückseite (Abdruck mit freundlicher Genehmigung der Staatlichen Feuerwehrschule Würzburg)*

4.3 Festlegung der Pumpenabstände

Der Höhenunterschied wird bei Verwendung des Schätzlineals mittels eines Visierverfahrens abgeschätzt. Hierbei visiert eine Person mit einer Wasser- oder Schlauchwaage, die in 1,60 Metern Höhe schwenkbar an einer Latte befestigt ist, den Stiefelabsatz einer vorausgehenden Person an und fordert diese auf, stehen zu bleiben, sobald die anvisierte Höhe (1,60 Meter) erreicht ist. Auf der entsprechenden Linie des Schätzlineals wird eine Büroklammer einen Teilstrich versetzt, um den Höhenunterschied zu markieren. Nun läuft die visierende Person entlang der Schlauchstrecke bis zur anvisierten Person. Dabei wird die Anzahl der Schläuche gezählt und auf der entsprechenden Linie des Schätzlineals durch eine zweite Büroklammer markiert. Nun beginnt der Vorgang wieder von vorne und wird so oft wiederholt, bis sich die beiden Markierungen bzw. Büroklammern auf dem Schätzlineal treffen. Damit ist der Standort der nächsten Verstärkerpumpe ermittelt.

Hinweis:
Zur Verwendung eines Höhenmessers anstelle des Visierverfahrens verfügt das Schätzlineal auch über Höhenstufen von fünf Metern.

4.3.2 Ablesetafeln

Bei Ablesetafeln wird mittels einer Tabelle und einer verschiebbaren Randleiste ein Wert ermittelt, der die Schlauchlänge angibt, nach der eine Verstärkerpumpe eingesetzt werden muss.

Ein einfaches Exemplar einer Ablesetafel kann dem Downloadmaterial des Roten Heftes entnommen werden (siehe Link

4 Auslegung der Wasserförderung

unterhalb des Inhaltsverzeichnisses). Der Gebrauch soll an nachfolgendem Beispiel erläutert werden.

Annahme 1 – Saugstellenpumpe bis zur ersten Verstärkerpumpe:

Löschwasserbedarf 1 000 l/min, Ausgangsdruck der Saugstellenpumpe 10 bar, Eingangsdruck an der nächsten Verstärkerpumpe 1,5 bar, kein Höhenunterschied.

Vorgehen: Die verschiebbare Randleiste (Höhenumrechnung) wird mit dem Nullwert (blaues Feld) an die 10-bar-Marke der Spalte »Ausgangsdruck« der Tabelle angelegt. Auf Höhe der 1,5- bar-Marke der verschiebbaren Randleiste lotet man auf dieser Zeile nach links bis zur entsprechenden Spalte mit dem Förderstrom von 1 000 l/min. Man erhält die Förderstrecke bzw. den Abstand der Pumpen zueinander (bei ebenem Gelände). Dieser beträgt 500 Meter (25 B-Druckschläuche mit jeweils 20 Metern Länge).

Wenn nun auch noch ein Höhenunterschied berücksichtigt werden muss, wird folgendermaßen vorgegangen:

Annahme 2 – erste Verstärkerpumpe bis zur zweiten Verstärkerpumpe:

Ausgangsdruck der Verstärkerpumpe 10 bar, Eingangsdruck an der nächsten Verstärkerpumpe 1,5 bar, Höhenunterschied 20 Meter.

Vorgehen: Die verschiebbare Randleiste wird mit dem Nullwert (blaues Feld) an die 10-bar-Marke der Spalte »Ausgangsdruck« der Tabelle angelegt. Auf Höhe der 1,5-bar-Marke der verschiebbaren Randleiste lotet man waagerecht nach links bis zur Spalte mit dem Förderstrom von 1 000 l/min.

4.3 Festlegung der Pumpenabstände

Man merkt sich diese Zeile und verschiebt nun die Randleiste mit dem Nullwert (blaues Feld) auf dieselbe Höhe. Anschließend lotet man auf Höhe der 20-m-Marke der Randleiste nach links bis zur entsprechenden Spalte mit dem Förderstrom von 1 000 l/min. Man erhält die um die Höhendifferenz korrigierte Förderstrecke bzw. den Abstand der Pumpen zueinander. Dieser beträgt 380 Meter (19 B-Druckschläuche mit jeweils 20 Metern Länge).

Hinweis:
Ablesetafeln eignen sich auch gut zur Durchführung von theoretischen Übungen. Bei ihrer Verwendung ist unbedingt auf das Vorzeichen zu achten: + = Steigung, – = Gefälle.

4.3.3 Berechnungsschema

Zur Berechnung einer Wasserförderstrecke kann ein Schema (beispielsweise als Excel-Tabelle) angewendet werden, mit dem entsprechend der Erfordernisse bestimmt werden kann:
- die Anzahl der Feuerlöschkreiselpumpen,
- die Anzahl der erforderlichen Druckschläuche,
- die Abstände der Pumpen bei offener Schaltreihe sowie
- die Abstände der Pumpen bei geschlossener Schaltreihe.

Eine Beispieltabelle für ein Berechnungsschema kann dem Downloadmaterial (siehe Hinweis unterhalb des Inhaltsverzeichnisses) entnommen werden.

4 Auslegung der Wasserförderung

4.3.4 Digitales Schlauchstreckenmessgerät

Für die Positionsbestimmung von Verstärkerpumpen während des Auslegens von Schlauchleitungen über lange Wegstrecken mit einem Schlauchwagen gibt es digitale Schlauchstreckenmessgeräte, die nach Eingabe bestimmter Daten den Standort der nächsten Pumpe automatisch anzeigen (Bild 92). Diese Technik kann jedoch eine gründliche Einsatzplanung nicht ersetzen. Außerdem sollten die »konventionellen« Methoden nicht in Vergessenheit geraten, da diese bei einem Ausfall des Gerätes beherrscht werden müssen.

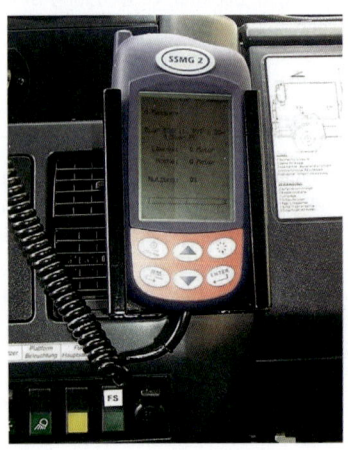

Bild 92: *Zur schnellen Festlegung der Standorte von Verstärkerpumpen sind digitale Schlauchstreckenmessgeräte ideal geeignet. (Foto: W. Müller)*

Literaturhinweise

H. Bartels/W. Stratmann: Rotes Heft 48. Feuerwehrschläuche, Kohlhammer Verlag, 2. Auflage, Stuttgart, 1993.

M. Barth: Großbrände und Feuerlöschwesen des Elsass vom 13.–20. Jahrhundert, Konkordia Verlag, Bühl/Baden, 1974.

Deutscher Verein des Gas- und Wasserfaches e.V. (DVGW): Technische Regel – Arbeitsblatt, DVGW W 291, Reinigung und Desinfektion von Wasserverteilungsanlagen, Technisch-wissenschaftlicher Verein, Bonn.

Deutscher Verein des Gas- und Wasserfaches e.V. (DVGW): Technische Regel – Arbeitsblatt, DVGW W 331, Auswahl, Einbau und Betrieb von Hydranten, Technisch-wissenschaftlicher Verein, Bonn

Deutscher Verein des Gas- und Wasserfaches e.V. (DVGW): Technische Regel – Arbeitsblatt, DVGW W 400-1, Technische Regeln Wasserverteilungsanlagen (TRWV), Teil 1: Planung, Technisch-wissenschaftlicher Verein, Bonn.

Deutscher Verein des Gas- und Wasserfaches e.V. (DVGW): Technische Regel – Arbeitsblatt, DVGW W 400-3, Technische Regeln Wasserverteilungsanlagen (TRWV), Teil 3: Betrieb und Instandhaltung, Technisch-wissenschaftlicher Verein, Bonn.

Deutscher Verein des Gas- und Wasserfaches e.V. (DVGW): Technische Regel – Arbeitsblatt, DVGW W 405, Bereitstellung von Löschwasser durch die öffentliche Trinkwasserversorgung, Technisch-wissenschaftlicher Verein, Bonn.

Deutscher Verein des Gas- und Wasserfaches e.V. (DVGW): Technische Regel – Arbeitsblatt, DVGW W 405-B1, Bereitstellung von Löschwasser durch die öffentliche Trinkwasserversorgung – Beiblatt 1: Vermeidung von Beeinträchtigungen des Trinkwassers und des Rohrnetzes bei Löschwasserentnahme, Bonn.

Deutscher Verein des Gas- und Wasserfaches e.V. (DVGW): Technische Regel – Arbeitsblatt, DVGW W 408, Anschluss von Entnahmevorrichtungen an Hydranten in Trinkwasserverteilanlagen, Technisch-wissenschaftlicher Verein, Bonn.

Literaturhinweise

Deutscher Verein des Gas- und Wasserfaches e. V. (DVGW): Technische Regel – Arbeitsblatt, DVGW W 557, Reinigung und Desinfektion von Trinkwasser-Installationen, Bonn.

Fachempfehlung Nr. 2 vom 13.09.2016 des Fachausschusses Technik der deutschen Feuerwehren, Vermeidung von Beeinträchtigungen des Trinkwassers bei Löschwasserentnahmen am Hydranten, veröffentlicht durch Deutscher Feuerwehrverband und der Arbeitsgemeinschaft der Leiter der Berufsfeuerwehren.

Fachempfehlung des Fachausschusses Vorbeugender Brand- und Gefahrenschutz der deutschen Feuerwehren, Löschwasserversorgung aus Hydranten in öffentlichen Verkehrsflächen, veröffentlicht durch Deutscher Feuerwehrverband und der Arbeitsgemeinschaft der Leiter der Berufsfeuerwehren, Oktober 2018.

Faukstich/Helpenstein/Jollet: Die Auswirkungen des Wasserdruckes, Handbuch für Führungskräfte und Maschinisten der Feuerwehr, Weiss-Druck, 2. Auflage 2014.

E.-P. Döbbeling: Hydranten: Bindeglied von öffentlicher Wasserversorgung und Brandbekämpfung, in: 112 Magazin, 2. Jahrgang, Heft 10, 2007.

E. Eishold/J. Meyer, Die Löschmittel, Entwicklung – Wirkung – Einsatz, 4. überarbeitete Auflage, Verlag Schweiz. Feuerwehr Kalender, 1997.

W. Hornung: Feuerwehrgeschichte, Kohlhammer Verlag, 4. Auflage, Stuttgart, 1995.

C. D. Magirus: Das Feuerlöschwesen in allen seinen Theilen, im Selbstverlag des Verfassers 1877, Faksimile- Nachdruck, Herminghaus & Raab, Dietzenbach.

J. Maaß: Wasser bis zum Abwinken: Das Holland Fire System, in: 112 Magazin, 2. Jahrgang, Heft 10, 2007.

L. Rieck: Rotes Heft 6. Feuerlöscharmaturen, Kohlhammer Verlag, 11. Auflage, Stuttgart, 2000.

L. Rieck: Rotes Heft 27a. Die Löschwasserversorgung Teil 1, Kohlhammer Verlag, 4. Auflage, Stuttgart, 2000.

H. Schönherr: Rotes Heft 44a. Pumpen in der Feuerwehr Teil 1, Kohlhammer Verlag, 4. Auflage, Stuttgart, 1998.

Literaturhinweise

L. Schott/M. Ritter: Feuerwehr-Grundlehrgang, FwDV 2, Wenzel-Verlag, 13. Auflage, Marburg, 2005.

C. Schwarze: Rotes Heft 44b. Pumpen in der Feuerwehr Teil 2, Kohlhammer Verlag, 5. Auflage, Stuttgart, 2005.

R. Schwenk: Trinkwassertransport durch die Feuerwehr, In: BRANDSchutz/Deutsche Feuerwehr-Zeitung 9/2004, S. 625 ff.

Merkblätter und weiterführende Literatur der Staatlichen Feuerwehrschulen Bayerns, abrufbar unter: www.feuerwehr-lernbar.bayern, letzter Zugriff: 05.06.2020.

L. Timmer: Rotes Heft Nummer 27b. Die Löschwasserversorgung Teil 2, Kohlhammer Verlag, 4. Auflage, Stuttgart, 1994.

H. de Vries et al.: Wasserförderung über lange Wegstrecke, ecomed-Verlag, Landsberg, 2004.

H. de Vries: Einsatz von D-Leitungen, Ausbildung und Praxis, Ecomed-Storck-Verlag, Landsberg, 2016.

H. de Vries: Einsatz von Hohlstrahlrohren, Ausbildung und Praxis, Ecomed-Storck-Verlag, Landsberg, 2017.

H. de Vries: Einsatz von Sonderrohren, Ausbildung und Praxis, Ecomed-Storck-Verlag, Landsberg, 2018.

C. Wenzel: Neue Pumpenanhänger jetzt von Börger: Drehkolben bringen optimale Leistung, In: Technisches Hilfswerk, Fahrzeug-News, 11. Jahrgang, 2. Quartal 2006.

T. Zawadke: Schlauchverlegefahrzeuge – Methoden zum Transport und Verlegen von Feuerwehrschläuchen, In: Das Große Feuerwehr-Handbuch, ecomed-Verlag, Landsberg, 2007.

T. Zawadke: Neue Normen für GW-L: Logistikfahrzeuge der Feuerwehr für den täglichen Einsatz und für den Katastrophenfall, In: BRANDSchutz/Deutsche Feuerwehr- Zeitung 2/2004, S. 132 ff.

T. Zawadke: Löschwasserversorgung über Pendelverkehr oder über lange Schlauchstrecke: was ist günstiger?, in: 112 Magazin, 4. Jahrgang, Heft 5/6, 2009.

T. Zawadke: Feuerwehrschläuche Teil 1: Transport und Lagerung, in: 112 Magazin, 4. Jahrgang, Heft 5/6, 2009.

T. Zawadke: Feuerwehrschläuche Teil 2: Fahrzeuge zum Transport, in: 112 Magazin, 4. Jahrgang, Heft 7/8, 2009.

Literaturhinweise

T. Zawadke: Alternative zu Hydranten: Löschwasserversorgung über Pendelverkehr, in: Crisis Prevention, Ausgabe 1/2019.

Wichtige Normen EN, DIN und Richtlinien

Im Zusammenhang mit der Wasserversorgung und Wasserförderung bzw. diesem Roten Heft:

DIN EN 1028	»Feuerlöschpumpen – Feuerlöschkreiselpumpen mit Entlüftungseinrichtung«
▪ Teil 1	»Klassifizierung – Allgemeine und Sicherheitsanforderungen«
▪ Teil 2	»Feststellung der Übereinstimmung mit den allgemeinen und Sicherheitsanforderungen«
DIN EN 1846	»Feuerwehrfahrzeuge«
▪ Teil 1	»Nomenklatur und Bezeichnungen«
▪ Teil 2	»Allgemeine Anforderungen – Sicherheit und Leistung«
▪ Teil 3	»Fest eingebaute Ausrüstung – Sicherheits- und Leistungsanforderungen«
DIN EN 12642	»Ladungssicherung auf Straßenfahrzeugen – Aufbauten an Nutzfahrzeugen – Mindestanforderungen«
DIN 14502	»Feuerwehrfahrzeuge«
▪ Teil 2	»Zusätzliche Festlegungen zu DIN EN 1846-2 und DIN EN 1846-3« (Entwurf)

Wichtige Normen EN, DIN und Richtlinien

- Teil 3 »Farbgebung und besondere Kennzeichnungen«

DIN 14530 »**Löschfahrzeuge**«

- Teil 5 »Löschgruppenfahrzeug LF 10«
- Teil 8 »Löschgruppenfahrzeug LF 20 KatS für den Katastrophenschutz« (Entwurf)
- Teil 11 »Löschgruppenfahrzeug LF 20«
- Teil 16 »Tragkraftspritzenfahrzeug TSF«
- Teil 17 »Tragkraftspritzenfahrzeug TSF-W«
- Teil 18 »Tanklöschfahrzeug TLF 2000«
- Teil 21 »Tanklöschfahrzeug TLF 4000«
- Teil 22 »Tanklöschfahrzeug TLF 3000«
- Teil 24 »Kleinlöschfahrzeuge KLF«
- Teil 25 »Mittleres Löschfahrzeug MLF«
- Teil 26 »Hilfeleistungs-Löschgruppenfahrzeug HLF 10«
- Teil 27 »Hilfeleistungs-Löschgruppenfahrzeug HLF 20«

DIN 14555 »**Rüstwagen und Gerätewagen**«

- Teil 21 »Gerätewagen-Logistik GW-L1«
- Teil 22 »Gerätewagen-Logistik GW-L2«

DIN 14420 »**Feuerlöschpumpen – Feuerlöschkreiselpumpen – Anforderungen an die saug- und druckseitige Bestückung, Prüfung nach Einbau im Feuerwehrfahrzeug**«

DIN 14827 »**Feuerwehrwesen – Schlauchtragekörbe**«

Literaturhinweise

DIN EN 1717	»Schutz des Trinkwassers vor Verunreinigungen in Trinkwasser-Installationen und allgemeine Anforderungen an Sicherungseinrichtungen zur Verhütung von Trinkwasserverunreinigungen durch Rückfließen«
DIN 14346	»Feuerwehrwesen – Mobile Systemtrenner B-FW«
DIN 14375	»Feuerwehrwesen – Standrohr PN 16 – Standrohr 2B«
DIN 4066	»Hinweisschilder für die Feuerwehr«
DIN 14090	»Flächen für die Feuerwehr auf Grundstücken«
DIN 14244	»Löschwasser-Sauganschlüsse – Überflur und Unterflur«
DIN 14210	»Künstlich angelegte Löschwasserteiche«
DIN 14220	»Löschwasserbrunnen«
DIN 14230	»Unterirdische Löschwasserbehälter«
DIN 14505	»Feuerwehrfahrzeuge – Wechselladerfahrzeuge mit Abrollbehältern – Ergänzende Anforderungen zu DIN EN 1846-3«
DIN SPEC 14507	»Einsatzleitfahrzeuge« (Vornorm)
Teil 2	»Einsatzleitwagen ELW 1«
Teil 3	»Einsatzleitwagen ELW 2«
Teil 5	»Kommandowagen KdoW«
DIN 14425	»Feuerwehrwesen – Tragbare Tauchmotorpumpen mit Elektroantrieb«

Wichtige Normen EN, DIN und Richtlinien

DIN EN 1947	»Feuerlöschschläuche – Formstabile Druckschläuche und Einbände für Pumpen und Feuerwehrfahrzeuge«
DIN EN 694	»Feuerlöschschläuche – Formstabile Schläuche für Wandhydranten«
DIN EN 14540	»Feuerlöschschläuche – Flachschläuche für Wandhydranten«
DIN EN ISO 14557	»Feuerlöschschläuche – Saugschläuche aus Gummi und Kunststoff« (Entwurf)
DIN 14811	»Feuerlöschschläuche – Druckschläuche und Einbände für Pumpen und Feuerwehrfahrzeuge«
DIN 14345	»Feuerwehrwesen – Verteiler C-DCD, B-CBC und BB-CBC, PN 16«
DIN 14341	»C-D-Übergangsstück PN 16 aus Aluminium-Legierung«
DIN 14342	»B-C-Übergangsstück PN 16 aus Aluminium-Legierung«
DIN 14343	»A-B-Übergangsstück PN 16 aus Aluminium-Legierung«
DIN 14380	»Druckbegrenzungsventil, PN 16«
DIN 14368	»Stützkrümmer PN 16«
DIN 14822	»Kupplungsschlüssel für Feuerwehrarmaturen«
DIN 3223	»Betätigungsschlüssel für Armaturen«
DIN 14827	»Feuerwehrwesen – Schlauchtragekörbe«
DIN 14820	»Schlauchbrücken«

Literaturhinweise

DIN 14826-2	»Fahrbare Schlauchhaspeln – Teil 2: Einpersonen-Haspel, Anschlussmaße, Anforderungen«
DIN 14828	»Seilschlauchhalter«
DIN 14462	»Löschwassereinrichtungen – Planung, Einbau, Betrieb und Instandhaltung von Wandhydrantenanlagen sowie Anlagen mit Über- und Unterflurhydranten«
DIN EN 14339	»Unterflurhydranten«
DIN EN 14384	»Überflurhydranten«
DIN SPEC 14355	»Feuerwehrwesen – Sammelstück PN 16« (Vornorm)
DIN 1988-100	»Technische Regeln für Trinkwasser-Installationen– Teil 100: Schutz des Trinkwassers, Erhaltung der Trinkwassergüte«
DIN 1988-600	»Technische Regeln für Trinkwasser-Installationen– Teil 600: Trinkwasser-Installationen inVerbindung mit Feuerlösch- und Brandschutzanlagen«
DIN 2001-2	»Trinkwasserversorgung aus Kleinanlagen undnicht ortsfesten Anlagen – Teil 2: Nicht ortsfesteAnlagen – Leitsätze für Anforderungenan Trinkwasser, Planung, Bau, Betrieb undInstandhaltung der Anlagen«

Bitte beachten Sie, dass die Normbezeichnung dem aktuellen Bearbeitungsstand (Frühjahr 2020) entsprechen und jeweils auf die aktuelle Normfassung zurückgegriffen werden muss.

Wichtige Normen EN, DIN und Richtlinien

Die Normen können über den Beuth Verlag bezogen werden:

Beuth Verlag GmbH
Saatwinkler Damm 42/43
13627 Berlin
Internet: www.beuth.de

Philipp Beyer

Methoden der Realbrandausbildung

Sicherheit in Anwendung und Umsetzung

2020. 108 Seiten. Kart. € 14,–
ISBN 978-3-17-037011-1
Die Roten Hefte/
Ausbildung kompakt Nr. 227
Digital-Ausgabe erhältlich in der
BRANDSchutz-App und als E-Book.

Der Autor beschreibt, wie die Realbrandausbildung am eigenen Standort effizient und sicher umgesetzt werden kann. Die Vorstellung von verschiedenen Ausbildungsmethoden mit den entsprechenden Lernzielen sollen den Ausbilder dabei unterstützen, das Basiswissen in der Brandlehre beim Teilnehmer zu vertiefen und Brandphänomene so realitätsnah wie möglich in Schulungen zu veranschaulichen. Zusätzlich werden Fehler bei der Planung und Durchführung einer Realbrandausbildung aufgezeigt, die es unbedingt zu vermeiden gilt.

Philipp Beyer ist Brandoberinspektor bei der Berufsfeuerwehr Essen. Zudem ist er als Realbrandausbilder an verschiedenen Standorten tätig.

Leseproben und
weitere Informationen:
www.kohlhammer-feuerwehr.de

Bücher für Wissenschaft und Praxis